Umschlaggestaltung: Judith Hecker, Odenthal
Fotos und Repros: Sophie Lange, Nettersheim
Graphiken: U. Hinz, Sonsbeck

Repros: Tafel I,1 Beihefte der Bonner Jahrbücher 8
Harald von Petrikovits: Das römische Rheinland
Tafel IV,2 und V,1 aus BJ 135
Tafel V,2 aus BJ 136/137
Planzeichnungen: BJ 119 und BJ 125
Veröffentlichungsgenehmigung durch das Rhein. Landesmuseum Bonn vom 27. 4. 1994

Lange, Sophie:
Wo Göttinnen das Land beschützten
Matronen und ihre Kultplätze zwischen Eifel und Rhein
Fotos der Autorin
2. Auflage 1995 - edition nebenan Bad Münstereifel
ISBN 3-980 2165-4-3

Satz und Druck: Fuldaer Verlagsanstalt
Vertrieb: Rotation
Printed in Germany
ISBN 3-980 2165-4-3

Sophie Lange

Wo Göttinnen das Land beschützten

Matronen und ihre Kultplätze zwischen Eifel und Rhein

Sophie Lange

geb. 26. Februar 1936 in Aachen,

seit 1962 in der Eifel lebend

Autodidaktin: Geschichte der Eifel

Schwerpunkt: Frauengeschichte

seit 1971: freie Mitarbeiterin der Köln. Rundschau, Eifelland

seit 1984 regelmäßig jährliche Beiträge für das Jahrbuch Kreis Euskirchen

1989 Kurzgeschichte 'Mein Elternhaus', in: Vaters Land und Mutter Erde

seit 1990 regelmäßige Veröffentlichungen in Eifel Jahrbuch,

Monschauer Land Jahrbuch, Zeitschrift 'Die Eifel' u.a.

1991 Mit-Autorin der Chronik '100 Jahre Deutsches Rotes Kreuz Kreisverband Euskirchen'

1992 Mit-Autorin der Chronik 'Unser Dorf Nettersheim, 1100 Jahre und mehr'

1992: Buchveröffentlichung: Küche, Kinder, Kirche...

Aus dem Leben der Frauen in der Eifel (Helios-Verlag, Aachen)

1994 Buchveröffentlichung: Wo Göttinnen das Land beschützten

Matronen und ihre Kultplätze zwischen Eifel und Rhein

1994 Buchveröffentlichung: Alt Eifler Küche, Band I: Kochen

Spezialitäten, Traditionen, Frauenwirken (Helios-Verlag)

Band II: Backen, Ende 1995

1995 Broschüre: Kakushöhle, Sagen von einst - Geschichten von heute

Seit ihrer Jugend interessiert sie sich für Vergangenes. In den letzten Jahren hat sie die Geschichte der Frauen in der Eifel zu ihrem Thema gemacht. Durch intensive Nachforschungen und weibliche Intuition wird Frauengeschichte für sie erlebbar und nachvollziehbar.
In Zeitungen, Zeitschriften und Anthologien veröffentlichte sie zahlreiche heimatkundliche Berichte. Bei Vorträgen und Lesungen ist es ihr stets ein Bedürfnis, Kontakte zu Zeitzeugen zu knüpfen und mit Frauen ins Gespräch zu kommen. Aber auch die literarischen Werke von Eifeldichterinnen dienen ihr als Quelle der Inspiration.

Inhaltsverzeichnis

Vorwort zur ersten Auflage

Vor gut zehn Jahren faszinierten mich erstmals die drei Göttinnen, die von den Römern als Matronen in Stein gesetzt wurden. Über 800 Altarsteine mit Inschriften oder Bildnissen wurden davon im ehemaligen römisch-germanischen Ubiergebiet gefunden. Die Matronen waren jedoch keine römischen und auch keine germanischen Göttinnen, so daß die Spurensuche nach den Ursprüngen weit in die Vorzeit zurückführt. Bei Nachforschungen habe ich sowohl die archäologischen Grabungsberichte als auch Literatur über Göttinnenkulte und Frauengeschichte berücksichtigt. Wichtig war es mir, die Fundplätze der Matronensteine aufzusuchen. Die restaurierten Tempelbezirke verdienten besondere Beachtung. Da ich nicht weit entfernt vom 'Heidentempel' Pesch und auf 'Rufweite' des Matronentempels bei Nettersheim wohne, waren mir hier Beobachtungen über Jahre hinweg möglich.

Der erste Teil des Buches beschäftigt sich mit dem Matronenkult im allgemeinen, von den Ursprüngen bis zum Christentum. Im zweiten Teil sind die Tempel der Göttinnen und Fundstellen von Matronensteinen beschrieben, wodurch der Kult dieser Dreiergöttinnen weiter erklärt wird. Behandelt wurde der Kreis Euskirchen, der Raum Köln-Bonn und das Gebiet zwischen Rhein und Erft. Um die Verbreitung des Matronenkults deutlich zu machen, war ich bemüht, möglichst viele Göttinnensteine zu beschreiben; es war jedoch nicht gesetztes Ziel, lückenlos alle gefundenen Matronensteine auszugraben.

Vielen möchte ich danken: Für die Wegbegleitung zu den Matronenplätzen, für die Gespräche über die alte Götterwelt und für Gedanken und Fragen, die mir neue Forschungswege erschlossen. Die Anweisung zu diesem Buch erhielt ich vielleicht ebenso, wie viele StifterInnen ihren Auftrag zur Steinsetzung auf den Weihesteinen angegeben haben:

EX IMPERIO IPSARUM   Auf Geheiß der Göttinnen

Nettersheim, im Mai 1994   Sophie Lange

Vorwort zur zweiten Auflage

Als Autorin begegnen mir meine Bücher zumeist in Buchhandlungen, in den dortigen Regalen, auf einem Büchertisch oder im Schaufenster. Bei Bekannten kann ich meine in die Welt entlassenen 'Kinder' vielleicht im Bücherschrank entdecken. Bei meinem 'Matronenbuch' ist das jedoch anders. Das begegnet mir oftmals in der freien Natur: Beim Wandern durch Feld und Wald oder in den Matronentempeln in Nettersheim und Pesch. So kam es zu manchem Gespräch.
Nach der ersten Auflage bekam ich viele Briefe und es entwickelte sich mancher Schriftverkehr. Auch lernte ich zahlreiche Frauengruppen kennen, die sich mit matriarchalen Kulturen beschäftigen und nach überlieferter Tradition neue Frauenrituale entwickeln. Bei Exkursionen konnte ich beobachten, wie unterschiedlich BesucherInnen auf die alten Kultplätze reagieren. Meine Erlebnisse würden ein ganzes Buch füllen.
Gefreut hat es mich, daß LeserInnen mein Buch zum Anlaß nahmen, sich in ihrem Heimatgebiet auf matriarchale Spurensuche zu machen. Andere griffen Themen aus dem Matronenbereich auf, um diese zu intensivieren. Allen wünsche ich viel Freude und Segen beim Forschen.

Nettersheim, im Sommer 1995

Sophie Lange

Exkursionen und Führungen:

Matronentempel in Nettersheim und Pesch,
Kakushöhle bei Mechernich und andere Orte der Eifel.
Sophie Lange, Postfach 4, 53946 Nettersheim

TEIL I

Als Matronen noch Göttinnen waren

Wer mit offenen Augen das Land zwischen Eifel und Rhein durchstreift, stößt wiederholt auf steinerne Denkmäler mit drei Frauengestalten. Diese Relikte aus vergangenen Zeiten sind meist durch Zufall ans Tageslicht gekommen. Manche Monumente (wenn auch nur als Kopien) stehen noch an ihren ursprünglichen Plätzen in einem ehemaligen Tempel, andere demonstrieren Denkmalcharakter an Touristenorten. Wieder andere sind erst nach genauem Hinsehen an oder in alten Kirchen zu entdecken.
Die drei Damen, die in Stein geschlagen die Jahrhunderte überlebt haben, sitzen innerhalb einer Nische auf einer Bank. Ihre Haltung ist voller Würde, so daß der Eindruck des Thronen entsteht. Die Frauen sind mit wallenden Gewändern bekleidet; die beiden äußeren tragen große Hauben, die mittlere läßt ihr Haar offen auf die Schultern fallen. Es ist ein Halsschmuck zu erkennen, der oftmals mit einer Mondsichel verziert ist.
Im Schoß tragen die Frauen vorwiegend Schalen mit Früchten. Mit den Händen schützen sie die Gaben der Erde, aber sie beschützen auch die Kraft ihres Schoßes, der gleichzeitig der Schoß der Erde und der Schoß aller Dinge ist. In sich selbst ruhend, scheinen sie ein längst verlorengegangenes, geheimes Wissen zu hüten.
Eine jede der drei Frauen sitzt für sich allein und scheint ganz in sich selbst versunken zu sein -und doch ist die Dreiheit eine Einheit, eine göttliche Einheit. Denn einst erfuhren die drei Frauen als Matronen-Göttinnen in unserem Land große Verehrung. Sie halfen all denen, die mit ihren Sorgen und Nöten zu ihnen kamen und segneten das Land, das ihrer Obhut anvertraut war.

Das Wort Matrone

Der Begriff Matrone ist zwar heute noch in der deutschen Sprache bekannt, verschwindet aber immer mehr aus unserem Wortschatz. Bei Befragungen assoziieren die meisten die Matrone mit einer älteren Frau, die schwer an der Last der Lebensjahre und der Schwere ihres Körpers trägt. Der Matrone wird unterstellt, daß sie ihre Position als eigenmächtige Hausvorsteherin nicht an ihre inzwischen erwachsenen Kinder abtreten will; daß sie die Hausbewohner tyrannisiert, allerdings nicht durch Worte oder Taten, sondern allein durch ihre matronale Haltung. Und doch schimmert bei dem Wort Matrone noch etwas von Macht und Magie der weisen Alten durch. Das lateinische Wort *matrona* meint ausschließlich eine einflußreiche, verehrungswürdige Dame, deren Lebenserfahrung und Weisheit gefragt sind.

Aber nicht nur das Wort, sondern auch die Gattung Matrone ist vom Aussterben bedroht. Frauen ziehen sich heute nicht mehr aufs Altenteil zurück - weder gottergeben, noch aufbegehrend-, sondern genießen als Seniorinnen ein Stück Lebensfreude. Sie werden keine mürrischen Matronen, allerdings auch nur selten so weise wie die weisen Alten der Vergangenheit.

Gebräuchlich war das Wort Matrone auch in Bezug auf heilige Frauen, die als Jungfrauen, Witwen und Matronen unterschieden wurden. Die heiligen Matronen waren Frauen, die im Stande der Ehe starben. Sie stellten den kleinsten Prozentsatz in der Schar der weiblichen Heiligen.

Verschwunden aus unserem Wortschatz ist die Bezeichnung Matrone für den Begriff Beschützerin. Die Schutz-ma-trone wurde während einer frauenfeindlichen Sprachentwicklung zur Schutz-pa-tronin. In dieser Wortvergewaltigung bestimmt allein das Anhängsel ‘in’ die Weiblichkeit.

Weit zurück führt der Weg in die Zeit, als Matronen noch Göttinnen waren. In Stein verewigt und mit dem Sammelbegriff Matrone gekennzeichnet wurden sie von den Römern, die von der einheimischen Bevölkerung die Verehrung dieser segenspendenden göttlichen Wesen übernommen hatten.

Urreligionen und die Große Göttin

Seit Urtagen ist Religion die geistige Lebensform der Menschheit. Schon in Urzeiten waren nomadisierende JägerInnen und SammlerInnen sich sicher, daß neben der sichtbaren eine unsichtbare Welt existierte, deren übernatürliche Wesen das Leben auf der Erde schaffen, beschützen, aber auch bedrohen und vernichten konnten. Damit diese allmächtigen Kreaturen den Menschen gut gesonnen waren und blieben, mußte ihnen mit Anrufungen, Gebeten, Opfern und Feiern gehuldigt werden.

Urreligionen waren stets Naturreligionen. Der Kreislauf von Werden, Wachsen und Vergehen sowie der Rhytmus der Jahreszeiten bestimmten das praktische und geistige Leben. Die Menschen beobachteten den Lauf der Sonne, den Stand des Mondes und der Gestirne, erkannten die Gesetzmäßigkeit und feierten in Ritualen die Allmacht des Kosmos an bestimmten Sonnentagen und in markanten Mondnächten. Da religiöse Vorstellungen sich oftmals unabhängig voneinander über weite Gebiete ausbreiteten, spielten beispielsweise pfeilerartig Steine, Menhire genannt, in weiten Gebieten Europas als Kultobjekte, Sichtzeichen und Kalendersteine eine bedeutende Rolle. Der Brauch drang von Westen auch in das linksrheinische Gebiet, und so standen vorwiegend auf Anhöhen auch hier Menhire.

Aus unterschiedlichen Zeiten und von verschiedenen Orten der Erde gibt es Hinweise auf eine Große Göttin. Da die religiösen Ansichten stets Gesellschaftsformen widerspiegeln -wie im Himmel so auf Erden, wie auf Erden so im Himmel-, können aus Hinweisen auf eine Große Göttin Rückschlüsse auf die Stellung der Frau gezogen werden. Jede Frau war Abbild der Urgöttin und damit machtvoll und verehrungswürdig.

Unsere Ahninnen 'besaßen' nicht die Macht, sondern verkörperten diese als Zeugnis ihrer schöpferischen Frauenkraft und ihrer weiblichen Würde. Diese Lebensenergie wurde ihnen zuteil durch die Große Göttin, die Allmutter der kosmischen Kräfte. Von den tiefsten Regionen der Unterwelt bis in die obersten Sphären des Sternenhimmels reichte ihre göttliche Macht. Sie

spendete nicht nur das Leben, sondern beschützte es auch. Außerdem begleitete sie die Toten in den Schoß der Erde, um sie eines Tages wiederzugebären. Sie schaltete und waltete über Leben, Tod und Wiedergeburt.
In früher Vorzeit gebar die Große Mutter alles Leben parthenogenetisch. Die Frauen waren überzeugt, daß sie wie ihre Große Göttin Leben aus eigener Kraft schaffen konnten und sahen lange Zeit hindurch keinen Zusammenhang zwischen Geschlechtsverkehr und Schwangerschaft. Einen Vater gab es quasi nicht, so daß Frauen allein verantwortlich waren für ihre Kinder. Die Söhne wurden schon in frühen Kinderjahren in den getrennten Lebensbereich der Männer überführt, wo sie die Jagd und das Kriegshandwerk erlernten. Die Mädchen wuchsen bei den Frauen auf, suchten Heilkräuter im unwegsamsten Gelände, übten das Heilwesen aus, hüteten das Feuer und bereiteten die Speisen. Aber auch Kampf und Jagd waren ihnen nicht fremd. Jedes Mädchen wuchs im Schutz einer leiblichen und einer geistigen Mutter auf: "Die leibliche Mutter war körperliche Pflegerin, die geistige Mutter spirituelle Beraterin, Führerin, Schutzgeist, Göttin. Später wurde sie Patin genannt."[1]
Als die Menschen den Anteil der Männer bei der Zeugung eines Menschenkindes erkannten und anerkannten, wurde das Matriarchat immer mehr geschwächt, bis es schließlich von einer patriarchalen Gesellschaftsform - langsam aber kontinuierlich- vereinnahmt wurde. Die kosmische Göttin, die nun neben vielen Göttinnen und Göttern bestand, verkörperte weiterhin das Weibliche als die Quelle des Lebens, sowohl in der Natur als im Menschenleben, und hier nicht nur in der körperlichen Fortpflanzung, sondern auch in spiritueller Form. Als Mutter Natur und Mutter Erde offenbarte sich die kosmische Göttin in der Natur selbst, so zum Beispiel in Quellen und Bächen, in Höhlen und Steinen, auf Bergen und Hügeln. Vor allem manifestierte sie sich in Bäumen.
Vor ca. 8.000 bis 4.000 Jahren hatten Frauen mit Erfolg die Kultivierung von Getreide und Heilpflanzen durchgeführt und dadurch ein Seßhaftwerden ermöglicht. Sicherlich waren die Frauen maßgebend daran beteiligt, die ersten Plätze für Siedlungen und für heilige Stätten auszusuchen. Um das

tägliche Leben an ein und demselben Platz bewältigen zu können, mußten sie genauestens die Naturgesetze verstehen. Es war für sie selbstverständlich, daß sie die Natur nicht nur beobachteten, sondern auch achteten und liebten, war diese doch ihre Lebensspenderin, ihre Mutter und Göttin. Neben der Großen Mutter und anderen bedeutenden Gottheiten wurden heimische Göttinnen und Götter verehrt, die für ein bestimmtes Landschaftsgebiet zuständig waren, die jeweiligen Siedlungen unter ihren besonderen Schutz nahmen und Mensch und Tier, Feld und Flur, Haus und Hof segneten. Zu diesen lokalen Genien gehören die Matronen.

Religionsvorstellungen der Kelten, Germanen und Römer

Seit dem 5. Jahrhundert vor unserer Zeitrechnung berichten antike Schriftsteller über die Kelten, die von Osten kommend weite Teile Europas besiedelten und gemeinsam mit der Urbevölkerung in kleinen Ortschaften lebten. Den Frauen sicherte die keltische Kultur umfassende Rechte; Frauen waren den Männern gleichgestellt. Oberhaupt der Großfamilie konnte sowohl eine Frau als ein Mann sein. Mehrere Familien bildeten eine Sippe mit eigenem Recht und eigenen Gottheiten.

Von der Religion der Kelten wissen wir nur wenig, da diese nichts darüber niedergeschrieben haben, obwohl sie sich in Staats- und Privatgeschäften der griechischen Schrift bedienten. Druidinnen und Druiden (PriesterInnen, PhilosophInnen, DichterInnen, PolitikerInnen und RichterInnen) betrachteten es als Vergehen, ihre Lehre schriftlich niederzulegen. Der Nachwuchs mußte in 20-jähriger Lehrzeit die Religionspraktiken und Verse in großer Zahl auswendig lernen. Diese mündliche Übermittlung verhinderte Stagnation, so daß die keltische Religion stets lebendig und wandelfähig blieb. Außerdem schützte sie vor unerwünschter Übernahme durch fremde Völker.

Aus spärlichen Siedlungs- und Gräberfunden, aus Darstellungen auf Münzen und aus keltischen Sagen lassen sich zumindest einige Schlüsse auf das

geistige Leben der Kelten ziehen. So wird deutlich, daß ihr Glaube an die unsichtbare Welt sich zunächst ausschließlich in der Natur manifestierte, aus deren große Allmacht erst nach und nach zahlreiche Gottheiten erwuchsen, welche die einzelnen Seiten und Züge der Allgottheit verkörperten.
Durch Beobachtungen erkannten die Kelten die heilige Offenbarung im Wachsen und Vergehen der Natur. Dadurch, daß ihnen die Gesetzmäßigkeit auf Erden und am Himmel klar wurde, waren auch menschliches Leben und Sterben eingefügt in eine natürliche Harmonie und Ordnung. Erkannte man das Wesen der Natur, so wurde dieses Wesen schließlich zu göttlichen Wesen in Menschengestalt. Die Gestirne des Himmels waren das Licht der Götter, das Wasser war die Mutter des Lebens, und die Bäume fungierten als Sitz der Gottheiten. Da die Kelten mit offenen Augen und wachen Sinnen den Wandel der Jahreszeiten beobachteten, war die Grundlage für Kulte und Verehrungsriten zu bestimmten Tagen und Nächten nur eine logische Folge.
Das Bauernjahr begann am 1. Mai (Beltane) und endete am 1. November (Samhain). Halbiert wurde die Sommerzeit durch das Schnitterfest am 1. August (Lugnasad); das Winterhalbjahr wurde am 1. Februar durch ein Vorbereitungsfest auf den Frühling (Imbolc) unterbrochen. Die Sonnenfeste sind identisch mit unseren Jahreszeitenfesten von Frühling-, Sommer-, Herbst- und Winteranfang. Besonders die zwölf Nächte nach der Wintersonnenwende waren den Kelten heilig.
Weibliche und männliche Gottheiten hielten sich bei den Kelten die Waage. In Britannien war Brigid die große Erd- und Himmelsgöttin, die bei den Kontinentalkelten als Rosmerta ihren Platz fand. Bekannt waren aber auch die Eulengöttin Rigani, die Fruchtbarkeits- und Unterweltsgöttin Nantosuelta, die Pferdegöttin Epona, die Waldgöttin Nemetona, die Himmelsgöttin Sirona, die Schwarzwaldgöttin Abnoda, die Bärengöttin Artio und die Beschützerin von Ardennen und Eifel Arduinna. Männliche Gottheiten waren u.a. Cernunos, Lug, Esus, Sucellus, Teutates, Taranis und Taranucnus.
Die Kontinentalkelten westlich des Rheins wurden Gallier genannt. Zwischen Rhein und Maas, in den Bördenlandschaften bis hin zur Eifel, lebte der Stamm der Eburonen. Über diesen Stamm wissen wir aus dem Kriegsbericht

De bello gallico von Gaius Julius Cäsar. Bei der Eroberung Galliens hatte Cäsar die Eburonen als gefährliche Gegner kennengelernt. Im Jahr 55/54 v. Chr. überwinterte der römische Feldherr mit anderthalb Legionen in einem Lager in Aduatuca 'mitten im Eburonengebiet'. Dieser Heeresteil wurde unter Führung der Eburonenfürsten Ambiorix und Catuvolcus durch eine List vernichtet. Cäsar konnte diese Schmach nicht ungesühnt lassen. So kehrte er nach Aduatuca zurück und vernichtete in einem brutalen Racheakt die Eburonen. Nur wenige überlebten das Gemetzel und flüchteten in die Eifelwälder. Der Stamm als solcher war erloschen. Auch Ambiorix konnte fliehen; sein älterer Mitstreiter Catuvolcus zog jedoch den Tod vor und vergiftete sich mit dem Saft der Eibe.
Der Kampfplatz Aduatuca ist bis heute nicht lokalisiert. Manche vermuten ihn in Atsch bei Stolberg, andere bei Zülpich, Nettersheim oder im Badua-wald bei Vlatten, wieder andere in Tongeren, der ältesten Stadt Belgiens. Dort hat man bereits 1866 dem Eburonenfürsten Ambiorix ein Denkmal gesetzt (und inzwischen gewinnbringend in Form von T-Shirt-Helden und Zinnsoldaten vermarktet). Die Basilika von Tongeren soll bereits um 340 (evt. sogar 1. Jahrhundert) an der Stelle eines heidnischen Tempels erbaut worden sein. Sie wurde der Mutter Gottes geweiht und ist die älteste Marienkirche diesseits der Alpen (Tafel I, Marienstatue aus Tongeren).
Cäsar schrieb über die Religion der Kontinentalkelten, daß das ganze Volk der Gallier in hohem Maße religiösen Gebräuchen ergeben sei. Aus seinem Kriegsbericht wissen wir, daß die Gallier keine Tempel für ihre Gottheiten bauten, sondern daß ein geweihter Ort (*locus consecratus*) als Verehrungsstätte diente. Die Opfergaben wurden zu diesem Platz gebracht, zunächst außerhalb des Hains abgelegt und von den PriesterInnen zum Platz der Götter getragen. Auch die Kriegsbeute wurde an besonderen heiligen Stätten gelagert und den Göttern geweiht. Keiner wagte es, sich daran zu vergreifen, denn die Strafe der Götter wäre furchtbar gewesen.
Cäsar verglich die gallischen Gottheiten mit römischen, um sie seinen Landsleuten einigermaßen verständlich zu machen. Taranis wurde mit Jupiter gleichgesetzt, Lug mit Merkur, Nantosuelta mit Minerva, Sucellus und

Grannus mit Apollo, Ogmios mit Herkules, Esus mit Mars und Arduinna mit Diana.

Durch die Vernichtung des Eburonenstammes war zwischen Maas und Rhein ein fruchtbares Gebiet fast menschenleer geworden. Immer wieder baten die römerfreundlichen Ubier, ein Germanenstamm aus dem Neuwieder Becken, dieses Land besiedeln zu dürfen. Nach langen Verhandlungen wurde 38 v. Chr. die Übersiedlung durchgeführt. Ausschlaggebend war bei dieser Entscheidung, daß die Ubier Bauern waren, die das Ackerland bearbeiten konnten, denn die Legionäre waren auf die Erträge dieses fruchtbaren Bodens angewiesen. Aber auch zum Grenzschutz wurden die Ubier eingesetzt. Zum Hauptort dieser Umsiedler wurde *Oppidum Ubiorum* (Köln); größere ubische Niederlassungen waren *Juliacum* (Jülich) und *Tolbiacum* (Zülpich). Diese drei Ubiersiedlungen wurden neben Bonn Hauptkultorte der Matronenverehrung.

Die Germanen hatten eine ‘angeborene’, tiefwurzelnde Achtung vor den Frauen. Tacitus schrieb dazu: “Die Germanen erblicken in den Frauen so etwas wie heilige Wesen mit Sehergabe; daher beachten sie deren Ratschläge und richten sich nach ihren Weissagungen. Haben wir es doch selbst erlebt, wie während der Regierung des verewigten Kaisers Vespasian die Seherin Veleda lange Zeit bei den meisten Verehrung genoß wie ein höheres Wesen. Ebenso hat man einstens der Aurinia und mancher anderen Frau derartige Verehrung erwiesen.”[2]

Das Gebiet zwischen Eifel und Rhein war jetzt von der Urbevölkerung, einem Rest der keltischen Eburonen, den germanischen Ubiern und den Römern bewohnt. In der Eifel lebten im Gegensatz zu den Legionsstädten nur wenige Römer. Der größte Teil der Landbevölkerung bestand aus Kelten und Germanen. Durch diese Mischbevölkerung entwickelte sich eine Mischkultur, die im Laufe der 500 Jahre währenden römischen Besatzungszeit zwar stark romanisiert wurde, aber niemals die ureigene Art von Kelten und Germanen verlor. Man bewahrte altererbte Sitten und Gebräuche, Kleidung und Kunst. Für den amtlichen Gebrauch war zwar das Lateinische eingeführt, aber Umgangssprache blieben das Keltische und Germanische.

Durch die Mischbevölkerung entstand zwar eine Mischreligion, die jedoch die tradierte Götterverehrung nicht verdrängte. Man sah zwar die eigenen Gottheiten als große göttliche Macht an, tolerierte aber, daß andere Völker die Macht ihrer eigenen Götter für genauso umfassend hielten. So wurden neben den keltischen gleichwertig germanische Gottheiten verehrt. Zu den rein germanischen Göttinnen sind Nehalennia und Hludana zu zählen. Nehalennia beschützte am Niederrhein die Schiffahrt, andernorts galt sie als Fruchtbarkeitsgöttin. Hludana wird als 'Verwandte' der Holda (Hulda, Perchta, Frau Holle) gesehen und mit der altnorddeutschen Fruchtbarkeitsgöttin Hlodyn gleichgesetzt, die als Sinnbild der 'Mutter Erde' galt. Zu den von Odin angeführten germanischen Asen gehören Frigga, Thor und Tyr. Drei Schwestern fungierten in der germanischen Mythologie als Nornen: Urd als Herrin über die Vergangenheit, Verdandi als Herrin des gegenwärtigen Werdens und Skuld als Herrin der Zukunft. Sie kannten und lenkten das Schicksal von Göttern und Menschen.
Die Römer ließen den besiegten Völkern nicht nur ihre Religion, sondern verehrten die 'barbarischen' Gottheiten sogar, waren diese in ihrer Kultheimat doch viel mächtiger als die Götter im fernen Rom. Zu diesen, von der einheimischen Bevölkerung verehrten und von den Römern übernommenen Gottheiten gehören die Dreiergöttinnen. Da die Römer nichts Synonymes für diese göttlichen Frauen bieten konnten, übernahmen sie diese unverändert und bezeichneten sie als Matronen. Angefügte Beinamen sind jedoch einheimisch, sowohl germanisch als keltisch.
Zusätzlich gewannen im römischen Reich orientalische Mysterienkulte eine große und beharrliche Anhängerschaft. Kultgemeinschaften aus Ägypten, Kleinasien, dem Iran und Syrien faßten im ersten und verstärkt im zweiten und dritten Jahrhundert im linksrheinischen Gallien Fuß. Durch Riten, Ekstase, Versenkung und Gottesschau, aber auch durch Wein, Räucherwerk, Tanz und Musik wollten die Anhänger eine besondere Auserwähltheit erlangen und im Trancezustand der Gottheit nahe kommen. Der Kern dieser Geheimkulte war ein Naturmythos von einer mütterlichen Göttin. Diese wurde in Ägypten Isis genannt und galt als Göttin des Wassers, Herrin des

Schicksals und Beschützerin der Toten. In Kleinasien wurde Kybele als Magna Mater verehrt. Gerade der Kult dieser Großen Muttergöttin vom Idagebirge in der antiken Landschaft Trojas verbreitete sich in ganz Gallien. Es gibt manche Ähnlichkeiten zwischen dem orientalischen Isis- bzw. Kybelekult und dem eburonisch-ubischen Matronenkult (Tafel I).

Bildwerdung der Matronen-Göttinnen

Für die Römer gehörte es zu ihrem Gottes-Dienst, daß sie ein Bild von den Göttern schufen, das analog ein Bild für die Götter war. Nach 160 n. Chr. erfolgte die 'Bildwerdung' der Matronen, durch die wir den Matronenkult hieb- und stichfest belegen können. Laut Baustein wurde im Jahr 161 in Bonn ein erster Matronentempel erbaut und im Jahr 164 der erste uns bekannte Weihestein an die Matronen, und zwar an die aufanischen, aufgestellt. Nach seinem Stifter, dem Kölner Stadtkämmerer Q. Vettius Severus, wird der Stein der 'Vettius-Stein' genannt. Es ist nicht nur der älteste, sondern auch der prunkvollste Matronenstein, den wir kennen, sicher das Werk eines fähigen Bildhauers oder einer begabten Bildhauerin (Tafel V, oben). Die Frage, warum die Bildwerdung der Matronen gerade zu diesem Zeitpunkt erfolgte, beschäftigt immer wieder die WissenschaftlerInnen. Des 'Rätsels Lösung' fand man in folgenden geschichtlichen Ereignissen: "161 beginnen die Vorbereitungen für den Partherfeldzug des Marcus, zu dem die Prima Minerva mit ihrem Legaten Marcus Claudius Fronto, also in ihrer Gesamtheit, Marschbefehl erhielt. Zwei Legionsgenerationen, dazu bereits solche, die nicht mehr aus Italien, der Narbonensis oder Hispanien rekrutiert wurden, sondern aus den zu Bürgern gewordenen Eingeborenen der Nordwest-Provinzen, hatten eine solche Totalverlegung, dazu noch in die entgegengesetzte Ecke des Reiches, nicht mehr erlebt. Der Befehl mag in Bonn große Erschütterung ausgelöst haben, die sich gewiß religiös niederschlug."[3]

Die einheimischen Matronengöttinnen konnten allerdings ihren Segen nicht bis zum fernen Orient ausstrahlen, und für militärische Operationen waren sie sowieso nicht zuständig. Für Kriegsglück besaßen die Legionäre ganz andere Gottheiten: Fortuna, Victoria, Mars und für die Bonner Minerva-Legion sicher auch deren göttliche Namensgeberin Minerva. Wenn die Soldaten also vor ihrem Abzug für die einheimischen Matronen einen Tempel errichteten und ein Kultbild schufen, dann sicher als Bitte um Schutz für diejenigen, die zu Hause blieben, also für Frauen und Kinder. Wahrscheinlich waren die Frauen sogar die Antreiber für den Tempelbau, so wie sicher auch bei manchem Weihestein, auf dem ein Mann als Stifter genannt ist, eine Frau hinter der Idee oder auch hinter einem gegebenen Gelübde stehen mag.

Die Zeit nach 160 n. Chr. war nicht nur durch den Parther-Feldzug gekennzeichnet, sondern auch in anderer Beziehung auffällig. Im Jahr 161 übernahm Mark Aurel ein relativ intaktes und ruhiges Römisches Reich. Doch während seiner 19-jährigen Regierungszeit wurde das Imperium von inneren und äußeren Unruhen erschüttert. Die Chatten in Germanien, die Kaledonier in Britannien, die Parther in Syrien und besonders die Markomannen im Norden forderten zum Kampf auf. Durch Aufstände wurde in mehreren Teilen des riesigen Reichs versucht, die römische Diktatur abzuschütteln. Der Bevölkerung machten Naturkatastrophen, Hungersnöte und Epidemien schwer zu schaffen.
Schlechte Zeiten forcieren stets die Frömmigkeit. So löste auch das Unheil nach 160 eine verstärkte Religiosität aus. Es wurden Gelübde gemacht und zum Dank für Hilfe in Not und bei Krankheit Weihesteine für die Gottheiten aufgestellt. Die 'menschengestaltige Bildfassung' von Matronen fiel in diese Notzeiten. Da die Matronen anscheinend die Fürbitten um Hilfe und Heilung erhört hatten, wurden sie in den nächsten Jahrzehnten intensiv verehrt. Die Steinsetzung kam in Mode, bis sie dann um 240 n. Chr. wieder abflaute.
Ein Vor-Bild des Matronenbildes fanden die Bildhauer in Matres-Denkmälern aus dem keltischen Norditalien, die aus der ersten Hälfte des ersten Jahrhunderts bekannt sind. Aber auch etruskische und griechische Einflüsse

sind festzustellen. Gestalt und Form sowie Ausdruck und Ausstrahlung der aufanischen Matronen entsprechen aber vorwiegend der alten, wohl keltischen Vorstellung der vom Volk praktizierten Göttinnenverehrung. Daß die Gegend zwischen Eifel und Rhein das Zentralgebiet des Matronenkultes war, bezeugen über 800 Weihesteine, die im Ubier- bzw. Eburonenland gefunden wurden. Die Zahl der Göttinnen-Weihesteine war in diesem Gebiet weitaus größer als die Zahl der Göttersteine. So wird das alte Ubierland zu Recht 'Land der Frauen und Land der Göttinnen' genannt.

Kleidung und Aussehen

Die Darstellungen der Matronen-Göttinnen sind relativ einheitlich und zeigen nur wenige Variationen. Stets tragen die drei auf einer gemeinsamen, mit einem Tuch überhangenen Bank sitzenden Göttinnen lange, stoff- und faltenreiche Gewänder, die der germanisch-ubischen Festtagstracht entsprechen. Die 'unrömische' Kleidung bestätigt, daß die Matronen einheimischen Ursprungs sind. Wie die Frauen im zweiten Jahrhundert gekleidet waren, so sahen die Menschen auch ihre Göttinnen.
Die Ubiertracht bestand aus einem Unterkleid (von dem auf den Denkmälern nur der Saum zu sehen ist), einem knöchellangen gegürteten Überwurf und einem tuchartigen Mantel, der mit einer oftmals großen Schließe gehalten wird. Da derartige Gewandfibeln aus Fundmaterial der entsprechenden Zeit unbekannt sind, müssen sie aus Holz oder ähnlichem vergänglichem Material beschaffen gewesen sein. Sandalen oder eine andere Fußbekleidung sind auf den Denkmälern nicht zu erkennen. Die Fußstellung bildet auf vielen Matronensteinen eine Mondsichel.
Auf fast 95 Prozent der gefundenen Matronenbildnissen trägt jede der Frauengestalten einen Halsschmuck, entweder in Form eines Halsringes (Torques) oder einer Kette mit halbmondförmigem Anhänger (Lunula). Es ist bekannt, daß die Römerinnen gerne Schmuck anlegten, und auch den Ger-

maninnen scheinen Halsreifen und -ketten gefallen zu haben. Schmuck hatte -und hat- jedoch auch Amulettcharakter. Der Torques war religiöses und weltliches Symbol der Macht, der Verehrung und des Schutzes, aber auch Ausdruck der Freiheit, des Freiseins. Einem Mondanhänger wurden magische Kräfte zugesprochen.

In ihrer Kleidung und ihrem Schmuck sind die drei Göttinnen gleich; sie unterscheiden sich aber wesentlich in der Kopfbekleidung. Die beiden äußeren Frauen tragen 'voluminöse' Hauben, die das auffallendste Element der ganzen Tracht sind. Folgende Überlegungen hat 'man' sich über eine eventuelle Herstellung gemacht: "Wie wir aus dem Vergleich mit Volkstrachten entnehmen dürfen, war sie wohl aus Leinen geschnitten und gestärkt. Man kann sich vorstellen, daß ihre runde Form durch einen elastischen Zweig, etwa von einer Weide, gehalten wurde. Ihre Ränder scheinen für zwei Schnüre umgenäht worden zu sein, die die Haube auf Stirn und Hinterkopf festhielten. Damit man die vier Schnurenden an den Schläfen nicht verknoten und die Knoten beim Absetzen nicht wieder lösen mußte, waren je zwei Enden von einer Schubhülse festgehalten. Diese ist auf mehreren Matronendenkmälern dargestellt."[4]

Hauben waren einst Vorrecht und Pflicht der Frauen, sobald sie 'unter die Haube gekommen' waren, also Ehefrauen und Mütter wurden, denn die wulstartigen Kopfbedeckungen sind auch Merkmal des 'mütterlichen Wesens'. Die Verhüllung des Hauptes in der Öffentlichkeit ist vorwiegend in östlichen Ländern bis heute Vorschrift für verheiratete Frauen. Die Befreiung von der Behaubung wird als Freiwerden von männlicher Abhängigkeit angestrebt. Die Stattlichkeit und Pracht der Matronenhauben lassen allerdings wenig von Unterdrückung erkennen, sondern signalisieren eher Macht und Frauenkraft.

Die Matronenhauben sind überdimensional, manchmal doppelt oder sogar dreimal so groß wie der Kopf der Göttin. So können diese durchaus Kult- oder Symbolcharakter gehabt haben und 'eine Kulttracht von religiösem Ursprung' gewesen sein.[5] Gerne werden die Matronenhauben als Symbol für den Mond oder die Sonne gedeutet und mit Umzügen an Mond- oder Sommerfesten in Verbindung gebracht. Die Kopfbedeckungen werden außerdem als Wetterhauben gedeutet, die bei Vegetations-Beschwörungstänzen aufgesetzt wurden. Manche Betrachter assoziieren die Hauben mit der Aura, andere sehen in ihnen bereits Ansätze eines christlichen Heiligenscheins.

Die mittlere, deutlich jüngere Göttin weiß nichts von einem Haubenzwang. Sie trägt ihr schulterlanges Haar offen, lockig, losgelöst, aber wohlgeordnet. Das entblößte Haupt ist Kennzeichen der unverheirateten Frau, des Mädchens, der Jungfrau. Auf vielen Matronenweihesteinen ist bei der Mittelfigur ein Stirnschmuck zu erkennen, ebenfalls ein Zeichen der Jungfräulichkeit. Scheitelschmuckstücke, die in der Antike oftmals aus Gold, Edelsteinen und Perlen angefertigt wurden, hatten ebenfalls Schmuck- und Amulettcharakter. Sie schützten vor Zauber und vor dem bösen Blick.[6]

Für die Benennung der mittleren Figur als Jungfrau sprechen folgende Fakten:

1.) Die mittlere Göttin ist kleiner.
2.) Ihr jüngeres Alter ist mehr oder weniger deutlich ausgeprägt.
3.) Ihr Aussehen ist mädchenhafter.
4.) Die Göttin trägt offenes Haar.
5.) Sie trägt einen Stirnschmuck.

Der Ehrenplatz in der Mitte weist sicher darauf hin, daß das Mädchen die wichtigste Person der Triade ist. Sie ist jedoch nicht diejenige, die schützt, sondern diejenige, die beschützt wird. Die Deutung der drei Matronen als 'Muttergottheiten' wird durch das jugendliche Wesen der Mittelfigur fraglich, selbst wenn man diese als 'potentielle Mutter' einstuft.
Zur Deutung der Matronen interessiert natürlich deren Gesichtsausdruck. Doch dieser scheint auf dem ersten Blick im wahrsten Sinne des Wortes 'steinern' zu sein, für manche Betrachter ausdruckslos und nichtssagend. Archäologen (männliche) fällten folgende Urteile über das Aussehen der Matronen: wenig attraktiv, stämmig, robust, bäuerlich, vierschrötig, dickköp-

fig, kurzhalsig, matronenhaft. Man 'schmeichelte' den Göttinnen auch mit dem Satz: "Wie drei Marktweiber sitzen sie in ihrer Nische." Interessant ist, daß einige Männer negative Aspekte erblicken, obwohl gerade diese vollkommen bei den Matronen fehlen. So erklären sie, daß die Matronen auf sie bösartig und vor allem 'bedrohlich' wirken. Bedroht fühlen sie sich anscheinend von der Macht, der Einigkeit und der Solidarität, welche die drei göttlichen Frauen demonstrieren. Andere glauben, daß die Matronen zu Gericht sitzen. Über wen und was fällen sie ihr Urteil?

Frauen sehen die drei Göttinnen mit ganz anderen Augen: gütig, in sich selbst ruhend, selbstsicher, hoheits-, macht- und würdevoll. Sie sind sich sicher, daß die göttlichen Damen etwas hüten, vielleicht ein geheimes Wissen oder eine besondere Gabe. Die Gelassenheit und heilige Stille, die die Göttinnen ausstrahlen, beeindrucken. "Die aufanischen Matronen sind von einem seltsamen Schweigen umgeben.,"[7] schrieb die Geschichtsprofessorin Annette Kuhn.
Die Darstellung der Matronen sieht 'frau' auch als Verlagerung der matriarchalen Werte in ein patriarchales römisches System: "Die Macht der Priesterinnen und Druiden wurde gebrochen, die Göttinnen ihrer ursprünglichen Funktionen entkleidet. Aus der dreifaltigen Göttin wurden drei steinerne Damen, die wie drei gemütliche Ehefrauen oder Klatschtanten aussehen - gebrauchsfertig für jede Bitte und Verwendung."[8]

Als Eltern ihren Kindern die steinernen Figuren einmal als 'Tanten' erklärten, ließen die Kleinen diesen Begriff nicht gelten und erklärten, die Gestalten würden wie königliche 'Damen' aussehen. Mich persönlich überraschte es, daß einige Frauen -unabhängig voneinander- behaupteten, daß die 'Ladies' verschmitzt lächeln. Es kommt eben auf den Blickwinkel im wörtlichen und übertragenen Sinn an, aus dem die Denkmäler betrachtet werden.

Die Opfergaben

Wenn Kinder vor den Drei-Göttinnen-Steinen stehen, verspüren sie intuitiv das Bedürfnis, den Matronen etwas in den Schoß zu legen. So kramen sie in ihren Taschen, finden ein Bonbon, einen Kaugummi oder eine kleine Münze, die sie freudestrahlend hinlegen. Erwachsene reagieren oftmals genauso, rechtfertigen sich jedoch, daß diese impulsive Handlung nur ein Spaß sei. Andere legen ganz bewußt etwas vor den Matronenaltären. So ist es nicht verwunderlich, daß Blumen, Körner, Früchte oder ähnliches häufig in den alten Kultstätten wie Nettersheim und Pesch vor den Weihesteinen zu entdecken sind.

Die alten Gottheiten nahmen und gaben, empfingen und spendeten. Das alte Wort *Do dhe* (ich gebe, damit mir gegeben wird) galt aber gleichzeitig für die Menschen, die den Göttern Gaben brachten, um deren Wohlwollen für Heim und Heimat zu erbitten. Es ist wohl ein Ur-Instinkt des Menschen, daß er seinen Göttinnen und Göttern etwas Persönliches, etwas von seinem Haus, seinem Wohnort oder aber aus der Natur mitbringt. Manchmal gingen die Menschen lange Strecken, um ihre Opfer zu einem bestimmten heiligen Ort zu 'bringen'. Hatte man die Götter gekränkt, so wollte man sie mit einer Gabe wieder versöhnen. Auch opferte der Mensch diejenigen Gaben, die er von den Gottheiten erflehte. Natürlich konnte eine Gabe auch ein Geschenk sein, ohne ein Gegengeschenk zu erwarten.

Ob die Stifter der Matronensteine um 200 n. Chr. noch die Gesetzmäßigkeit von geben und empfangen praktizierten? Oder forderten sie zunächst die Erfüllung einer Bitte, bevor sie den Göttinnen eine Gabe darbrachten? Auf den Matronensteinen ist meist die 'sakralrechtliche Vertragsformel' VSLM zu entziffern (*VOTUM SOLVIT LIBENS MERITO*= das Gelübde eingelöst gerne und nach ihrem Verdienst). Der Stifter hat also etwas erfleht und einen Weihestein versprochen, wenn die Göttinnen ihm helfen. Auf einem winzigen, ganz erhaltenen Altärchen von Pesch stand nichts anderes als die Buchstaben L M, wohl ähnlich den kleinen Votivtäfelchen in christlichen Wallfahrtskapellen, die das Wort 'Danke!' tragen. Auf anderen Weihesteinen steht *EX IMPERIO IPSARUM* oder *EX IUSSU IPSARUM* (auf Befehl oder auf Geheiß der Gottheit). Die Stifter oder Stifterinnen haben wohl innerhalb einer Trance, eines Traums oder eines Initiationsrituals die Anweisung bekommen, den Matronen einen Altarstein zu errichten.

Das Aussprechen eines Gelübdes und die Aufstellung eines Weihesteins können mit einer Opferzeremonie verbunden gewesen sein. Opferdiener bzw. -dienerinnen am Altar, Opfertische, Gefäße für Trankopfer und Opfergaben berichten von solchen feierlichen Handlungen. Der Votivstein des Pettronius Patroclus von Nettersheim demonstriert auf der linken Nebenseite eine Opferhandlung. Auf einem dreibeinigen Opfertisch liegt auf einer Fußschale ein Schweinskopf zwischen zwei einhenkligen Kannen; die Szene wird von einer Girlande mit einem Vogel gekrönt.

Mehrere Matronensteine aus Bonn zeigen auf den Nebenseiten Tempeldiener oder -dienerinnen vor Baumheiligtümern. Auf den Schmalseiten des Vettiussteins tragen Opferdienerinnen eine Schale mit Äpfeln und Birnen. Auf einem Prozessionsrelief einer fragmentierten Matronenweihung mit Kultbild nähern sich ubisch gekleidete Frauen in einer Prozession dem Kultbild; sie halten Schalen mit Obst in den Händen (Tafel IV, unten).

Ein Weihestein an die Matronis Cuchenehis, in Zülpich gefunden, zeigt eine Opferszene, bei der ein Soldat einheimischer Herkunft an den Altar herantritt, auf dem er aus einer Schale opfert (Tafel IV, oben). In einem Matronendenkmal, das 1893 beim Abbruch der alten Kirche in Gleuel bei Hürth gefunden wurde, ist unterhalb der Ädikula mit dem Matronen folgende Opferszene dargestellt: Um einen Altar von würfelförmiger Form stehen drei Frauen; die rechte mit einer Haube hält die rechte Hand über den Altar. Die mittelste Frau ohne Kopfbedeckung, hinter dem Altar stehend (Göttin), hält ein viereckiges Kästchen, in das die am weitesten links stehende Frau, ebenfalls ohne Kopfbedeckung, hineingreift. Auf der Schmalseite zeigt dieser Stein ein dreifüßiges Tischchen mit Trinkbecher, Kanne und einem nicht identifizierbaren Gegenstand.

Einige Darstellungen geben Hinweise auf Tieropfer. Auf der Nebenseite des

Weihesteins des V. Matrinius Primus für die Matronae Veteranehae aus Embken hält ein Opferdiener ein Schwein an den Hinterläufen hoch. Auch ein Matronenstein aus Antweiler zeigt ein Schwein. Auf dem Aufanienstein des C. Candidinus Verus (Bonn) sind auf dem Sockel ein Opfertisch und vier opfernde Menschen eingearbeitet. Auf den Nebenseiten ist zum einen ein Knabe, der ein Schwein auf dem Rücken trägt, zum anderen eine Opferszene mit Feuer, Kessel und Opferdiener plastisch nachgebildet. Auf einem Pescher Relief (Bruchstück) wird ein Schwein von einem Diener zum Altar herangeführt. Ebenfalls aus Pesch stammt ein Altarbruchstück, auf dem oben zwei Teller mit größeren Früchten oder Broten stehen, 'dazwischen ein Tierköpfchen mit kurzen spitzen Ohren, wahrscheinlich ein Schweinskopf'. Wie bereits erwähnt liegt auf dem Opfertisch des Patroclus-Steines von Nettersheim ebenfalls ein Schweinskopf. Von Menschenopfern, die Cäsar den 'Barbaren' zuschrieb, gibt es auf den Matronensteinen keine Anzeichen.

In der Regel tragen die Göttinnen auf dem Schoß Schalen oder Körbchen, die -soweit erkennbar- mit Obst als Opfergaben gefüllt sind. Der beschädigte Lucretius-Stein aus Nettersheim zeigt Abweichungen. Hier haben die beiden Matronen Kästchen (Weihrauchgefäße?) in den Händen, während die mittlere Göttin in der rechten Hand eine große Blume und in der linken ein Körbchen(?) hält. Bei einem Matronenstein von Eschweiler-Fronhoven trägt die mittlere Göttin in der rechten Hand einen Zweig, in der linken Hand ein Kästchen. Eine Matrone umfaßt mit der Hand eine Ähre.
Opfergaben sind auch diejenigen Obstfrüchte, die oben auf den Altären in Stein gemeißelt sind. Bei einem Altar von Pesch und zwei Bildnissen von Nettersheim sind es Birnen. Auf einem Matronenstein aus Satzvey ist oben ein Apfel abgebildet, auf einem Lessenicher Stein sind sowohl ein Apfel als auch eine Birne zu erkennen. Auf einem Inschriftenaltar aus Nettersheim steht ein Teller mit sechs Früchten. In Pesch trägt ein solcher Teller nur eine einzige Frucht, ein anderer ein Brot.
Reichen Erntesegen und paradiesische Zustände zeigen die Füllhörner, die auf Schmalseiten von Matronensteinen abgebildet sind. Bei dem Netters-

heimer Patroclus-Stein sind sehr deutlich zwei Äpfel (Granatäpfel), zwei Birnen und ein Pinienzapfen in der Öffnung eines Füllhorns zu unterscheiden. Der untere Teil ist mit einem Kranich geschmückt. Ähren hängen an der Seite des Füllhorns herunter (auf einer ähnlichen Abbildung auf einem Matronenstein aus Müddersheim sind die Ähren deutlicher zu erkennen). Aus der Öffnung eines großen Füllhorns, das zu den lebensgroßen Freiskulpturen von Pesch gehört, quillen ein großer Pinienzapfen und acht kleine Früchte. Ein Pinienzapfen, fünf Birnen und drei Nüsse liegen in einem geschweiften Becher, der aus einem Akunthuskelch herausragt, eingemeißelt auf einem Matronenstein aus Nettersheim. Viele Schmalseiten der Matronenaltäre zeigen Bäume, Zweige oder Blätter.

Die göttliche Dreiheit

Es sind stets drei Frauen, die auf den Matronen-Weihesteinen dargestellt sind, so daß diese symbolreiche Zahl viel über das Wesen und die Verehrung dieser Göttinnen aussagen kann. Der Dreizahl kommt seit ältester Zeit als kleinster Vielheit große Bedeutung zu. Die Zahl, die Anfang, Mitte und Schluß einschließt, steht für Unendlichkeit, Vollkommenheit und allumfassende Einheit. Sie begegnet uns in Recht und Volksbrauch, in Mythologie und Magie. Dreimal muß eine Anrufung erfolgen, dreimal muß ein Bann ausgesprochen werden, dreimal die Geister beschwört werden: Toi, toi, toi! Auch in altüberliefertem Erzählgut geistert seit altersher die Drei. In der Märchenwelt sind drei Wege zu gehen, drei Prüfungen zu bestehen, dreimal (und dann nimmermehr) kehren die Toten aus dem Totenreich zurück. Drei gute Gaben legt eine Fee in die Wiege und Glückskindern gibt sie drei Wünsche frei. Drei Wünsche! Doch meistens werden diese in den Märchen vertan, und welche die richtigen Wünsche sind, das wissen die Götter.
'Drei ist göttlich' galt in der ganzen antiken Welt. Aus dem zweiten Jahrtausend v. Chr. ist aus Ägypten die göttliche Triade Horos/Osiris/Isis und aus

Babylon die Dreiheit Ischtar/Sin/Schamasch bekannt. Bei den Hindus waren Shiwa, Brahma und Wischnu (Zerstörer, Schöpfer Erhalter) zu einer Dreiheit zusammengefaßt. Bei den Römern galten Jupiter, Juno und Minerva als Kapitol-Trias. Merkur wurde als Dreikopf dargestellt. Nicht unerwähnt bleiben dürfen die griechischen Moiren, die römischen Parzen und die germanischen Nornen, die als Schicksalsgöttinnen stets in der Dreizahl auftraten und die Lebensfäden an den Wurzeln des Weltenbaums spannen und miteinander verflochten. Der Zopf -ob Haar- oder Hefezopf- veranschaulicht sehr eindrucksvoll, wie aus einer Einheit drei Stränge getrennt werden und diese zu einer neuen Einheit verflochten werden.
Der griechische Philosoph Platon (428 - 347 v. Chr.) beeinflußte mit seinen triadischen Auffassungen von Gott und der Welt maßgeblich seine Zeit und spätere Generationen. Erst im vierten Jahrhundert n. Chr. fand die Dreieinigkeit (Vater, Sohn, heiliger Geist) offiziellen Eingang in die christliche Theologie. Der Einfluß aus uralten Religionen ist nicht zu bestreiten.
Für die Kelten war die Zahl Drei eine heilige Zahl. In der irischen Mythologie erscheinen die drei Äpfel des Lebens, die drei Haselnüsse der Weisheit sowie die drei Segenswünsche, die dem Wanderer mit auf den Weg gegeben werden. In den ungeraden Zahlen lag das Glück, ganz besonders in der Drei. Keltische Ornamente sind als Triaden übermittelt. Der Mond wurde wegen der Spitzen des Halbmonds mit der Zahl zwei gleichgesetzt, während die Sonne durch drei Kugeln, drei Emblemen oder durch das Dreieck angedeutet wurde. Das keltische Sonnenrad ist meist durch den dreigefächerten Triskeles stilisiert, der in einfacher Form auch auf Matronensteinen (Embken) zu finden ist. Die lunare und die solare Symbolzahl ergeben die Fünf, die für unbegrenzte Existenz steht. Es ist sicher kein Zufall, daß fünf Früchte das Füllhorn auf Matronensteinen zieren. Mond- und Sonnenkult scheinen sich im Matronenkult vereint zu haben.
Die keltischen Götter Teutates, Taranis und Esus wurden wahrscheinlich als dreieiniger Gott verehrt. In der Zusammensetzung Taranis/Lug/Brigid wurde die Trinität von Vater, Sohn und Jungfrau verkörpert. Bei den Inselkelten wurde die Göttin Brigid aber auch gemeinsam mit ihren beiden Schwestern

abgebildet. Die wichtigsten Gottheiten in Dreierform waren bei den Kelten die Matres -die Matronen unseres Gebietes.
Die Dreiheit spiegelt sich auch im Naturleben. Die dominierende Symbolik der Bäume läßt an die drei Bestandteile eines Baumes denken: Wurzeln, Stamm, Blätter, womit zugleich der Bezug zur Unterwelt, zur Erde und zum Himmel geschaffen wird. Ebenfalls sind Erde, Sonne und Mond eine dreigefächerte Einheit. Die Drei symbolisiert das Wachsen, Reifen und Ernten, den ewigen Kreislauf in der Natur.
Da zu den Tempelbezirken stets Quellen, Bäche und Zusammenflüsse von Wasserläufen gehören, können die drei Göttinnen Hüterinnen der Wasser des Himmels (Regen), der Wasser der Erde (Bäche) und der Wasser, die dem Schoß der Erde entspringen (Quellen), gewesen sein. Die Zahl Drei symbolisiert außerdem Geburt/Tod/Wiedergeburt, sowohl in der Natur als im Menschenleben, in dem sie zusätzlich für Lebensanfang, Lebensmitte und Lebensende steht. Die Ewigkeit der Zeit wird in Vergangenheit, Gegenwart und Zukunft eingeteilt.
Farbreste an Matronen-Weihesteinen lassen auf ein buntes Bildnis schließen, dessen Farben im Lauf der Jahrhunderte verblaßt sind. Bei Fundmaterial war zu erkennen, daß die Inschriftfläche der Matronensteine mit weißer Farbe überzogen war und die Buchstaben in roter Farbe gezeichnet waren. Die Göttinnen selbst könnten eventuell weiß-rot-schwarz bemalt gewesen sein. Diese Farbkombination taucht in vielen Märchen auf. Wird ein Kind geboren, das so weiß wie Schnee, so rot wie Blut und so schwarz wie Ebenholz ist, wird damit signalisiert, daß es ein besonderes, ein göttliches Kind ist. Weiß als Farbe des Lichtes und schwarz als Farbe des Dunkels werden durch Rot kompensiert. Weiß steht für Jungfräulichkeit, ist aber auch die Farbe der Geister und Gespenster. Rot ist die Farbe des Feuers, der Liebe und Leidenschaft sowie des Frauenblutes. Schwarz ist die Farbe der magischen Macht und symbolisiert alles Unsichtbare. Als Sinnbild der Nacht, des Todes und der Trauer begleitet das Schwarze häufig Fruchtbarkeitsgöttinnen, Muttergöttinnen und deren Priesterinnen. Die Drei bestimmt das gleichschenklige Dreieck, das für Göttlichkeit und Harmonie steht. Mit der Spitze nach unten

ist es Symbol des Wassers und des weiblichen Geschlechts, mit der Spitze nach oben ist es bei vielen Völkern ein Symbol des Feuers und der männlichen Zeugungskraft. Magische Bedeutung hat das Dreieck beim Pentagramm (Drudenfuß, Fünfstern) und beim Hexagramm, der sechszackigen Sternenfigur aus zwei gleichseitigen Dreiecken.
Eigentlich sind es nicht drei Matronen, die auf den Weihesteinen abgebildet sind, sondern nur zwei. In römischer und vorrömischer Zeit wählte man jedoch auch dann einen einzigen, einheitlichen Namen für die 'Gesamtheit eines Göttervereins', wenn dieser nur für einen Teil der in Frage kommenden Gottheiten zutraf. So können wir auch weiterhin von Matronen und von drei Göttinnen sprechen, allerdings nur bedingt von drei Müttern. Die Schutzgöttinnen bestehen aus einer jungfräulichen Göttin und zwei mütterlichen Göttinnen, die eine Dreiheit sind und gleichzeitig eine Einheit bilden.

Symbolik der Attribute und der Opfergaben

Die Römer ließen nach griechischem und asiatischem Vorbild symbolhafte Dinge und Figuren sowohl in ihre Bauten als in die Kleinkunst einfließen. Diese Symbolik wurde von den eroberten Völkern übernommen. Ob und inwieweit der ursprüngliche, religiöse Sinn in anderen Kulturen verstanden wurde, läßt sich nicht nachweisen. Den Menschen des Ubierlandes waren sicher alle diejenigen Symbole vertraut, die aus der Natur stammen und 'natürliche' Abläufe versinnbildlichen. Bereits die Urmenschen kannten diese Sinnbilder. Da bei den Inschriften auf den Matronensteinen erklärende Angaben zum Wesen der Göttinnen fehlen, können die Attribute den 'Schlüssel zur Identifikation' liefern.

Der Mond

Eine Beziehung zum Mond, der seit Urzeiten als kosmisches Symbol gilt, wird bei Matronenmonumenten durch eine Lunula und durch die riesigen Hauben, die an Mondsicheln erinnern, angedeutet. Auch die Stellung der

zierlichen Füße erinnert an Mondsicheln. Da der Mond wegen seiner ständig wechselnden Form scheinbar lebt, wurde er mit Lebensrhytmen und -phasen verglichen. Der 28-Tage-Rhytmus (bzw. Nächte-Rhytmus) liegt sowohl dem Lauf des Mondes als auch dem weiblichen Zyklus zugrunde. So steht der Mond seit je in engem Zusammenhang mit der weiblichen Fruchtbarkeit, mit Geburt und mit dem Leben schlechthin. Dreimal drei 'Monde' dauert eine Schwangerschaft. Die Unterteilung des Jahresablaufes in Monate und Wochen geht auf den Mondlauf und seine Phasen zurück. Dabei waren es ursprünglich nur zwei Zeiträume von je 14 Tagen, die eine Mondzeit unterteilten. Bei Vollmond wurden fröhliche Feste gefeiert, während die Zeit des Dunkelmondes eher zur Zurückgezogenheit aufforderte.
Die Kelten verbanden die leibliche und besonders die spirituelle Form der Weiblichkeit mit Wasser und Mond und sahen das Weiblich-Göttliche als 'die Spur des Mondes auf dem Wasser'. Der Mond stand für weibliche Intuition, während die Sonne mit der männlichen Energie gleichgesetzt wurde.
Der Zyklus des Mondes veranschaulicht das Leben der Menschen und zugleich ein neues Leben nach dem Tod. Denn obwohl der Mond stirbt und nicht sichtbar ist, erwacht er zu neuem Leben. Aus dieser 'Auferstehung' entwickelten die Menschen die Idee einer Wiedergeburt.
Das Wort 'Mond' ist im Gegensatz zur deutschen Sprache in vielen Sprachen weiblich, während die Sonne meist männlichen Geschlechts ist. In verschiedenen Kulturen wurde 'die Mondin' als Göttin verehrt. Ein Mondschmuck, mondsichelförmige Hauben und Fußstellungen genügen allerdings nicht, um die Matronen als Mondgöttinnen einzustufen.

Der Baum

Auf den Nebenseiten von Matronensteinen sind insgesamt 186 mal Bäume dargestellt, zusätzlich Zweige und Blätter als *pars pro toto* (Teil für das Ganze). Manchmal sind auch die Göttinnen selbst mit Zweigen geschmückt. Baum- und Matronenkult gehören offenkundig eng zusammen.
Der Baum ist ein altes, weitverbreitetes, vieldeutiges Symbol. Er ist Sinnbild

für Fruchtbarkeit und für das Leben; er ist der Lebensbaum. Der Laubbaum schenkt den Menschen Nahrung, Schatten, Schutz und wird als weibliches, bzw. mütterliches Sinnbild verstanden, während der Stamm als Phallus-Symbol gesehen wird. Obwohl der Baum im Winter scheinbar tot ist, erwacht er im Frühjahr zu neuem Leben und symbolisiert daher Wiedergeburt. Vögel vollenden die Verbindung der Menschen zu den Gestirnen. Zusätzlich können Vögel Symbole für geistige Seins- und Entwicklungsstufen sein, so daß sie auf Matronensteinen als Bitte oder Dank für geistige Erkenntnis verstanden werden können.

Den Kelten und Germanen war der Baum heilig. Er war Sitz der Göttin und Zeichen deren Allmacht. Jeder Volks-Stamm besaß für sein Territorium einen Stamm-Baum, der weltliche Macht und geistige Vorstellungen widerspiegelte, aber auch Grenzen markierte (Markbäume). Bäume standen in heiligen Hainen, in denen die Menschen zu kultischen Handlungen zusammenkamen. Einige Bäume waren besonders heilig. In der keltischen Mythologie müssen für ein Feuer unter dem Kessel der Fülle neun besondere Gehölze verwendet werden: Zweige der Eiche, der Esche, der Kiefer, der Eberesche, der Schlehe, der Haselnußstaude, der Eibe, des Weißdorns und ein Zweig Moormyrthe.

Die Eiche war sowohl den Kelten als auch den Germanen heilig. Eine symbolhafte Handlung war es, als der Missionar Bonifatius um 700 n. Chr. die Donareiche bei Geismar fällte, um die Macht der alten Götter zu brechen.

Die Mistel, als Halbschmarotzer gerne auf Eichen wachsend, spielte im keltischen Brauchtum eine große Rolle. Gall-Äpfel (Wucherungen durch Parasiten) treten besonders häufig unter Eichenblättern auf. Den Misteln und den Gall-Äpfeln wurden bei den Urvölkeren magische und heilende Kräfte zugesprochen.

Auf den Nebenseiten der Matronensteine sind mehrmals Baumheilligtümer angedeutet. Die aussagestärkste Baumdarstellung finden wir auf der Rückseite des Weihesteins, den Statilius Proculus und seine Gattin Sutoria Pia um 185 n. Chr. den aufanischen Matronen in Bonn weihte. Das Bild zeigt einen Baum in einer felsigen Landschaft. Auf einem Ast ist ein Vogelnest mit vier

Jungen erkennbar. Zu Füßen des Baums steht eine Ziege mit drei Körpern, aber mit nur einem Kopf. (Die Ziege, die 'keltische Vorstellungen von einem theriomorphen Ziegenkult' widerspiegeln kann, erscheint noch auf einem weiteren Matronenstein.) Aus einem Astloch windet sich eine Schlange.

Die Schlange

Erwähnenswert ist eine Baumplastik vom Heidentempel Pesch, auf der ebenfalls eine Schlange abgebildet ist. Ein vacallinehischer Matronenstein, gefunden in der Kirche zu Weyer, zeigt an beiden Nebenseiten einen Baum, an dem Astlöcher zu erkennen sind. Diese deuten auf alten Bildnissen den Sitz der Schlange an, ohne das Reptil selbst sichtbar zu machen. In dieser Kirche zeigt eine Marienstatue eine sichtbare Schlange, die einen Apfel im Mund trägt und in einer Mondsichel eingebettet ist. Auf dieser steht in demütiger Haltung die mit einem Sternenkranz gekrönte Maria (Tafel VIII, unten). Auch an den Seiten manches Füllhorns ist eine Schlange angedeutet.

In allen Kulturen hat die Schlange eine vielgefächerte mythologische Bedeutung. Dieses geheimnisvolle Reptil, das manche Erd- und Fruchtbarkeitsgottheiten begleitet, symbolisiert reichen Segen und die chthonische Kraft der Unterwelt. Die Schlange ist Anfang und Ende zugleich und hebt die Gegensätze von positiv und negativ auf. Wegen ihrer Häutungen gilt sie als Sinnbild ständiger Erneuerungskraft; sie beherrscht Tod und Wiedergeburt und damit das ewige Leben. Sind Schlange und Vogelnest zusammen abgebildet, so wird damit die erdverbundene Fruchtbarkeit hervorgehoben. In der Verbindung Schlange-Baum wird dieser zum Baum der Erkenntnis.

Die Schlange ist Verbündete der Frauen und steht für weibliche Weisheit und Würde. Auf zahlreichen kretischen, syrischen und ägyptischen Abbildungen ist eine Schlange als Göttin dargestellt. In der christlichen Religion zertritt Maria die Schlange und damit deren -und ihre eigene- Machtposition. Das Stehen Marias auf Schlange und Mond deutet man als "Ent-stehen aus matriarchalen Kräften".[9] Schlangen waren Hüterinnen heiliger Stätten; in der christlichen Lehre beschützten sie das Paradies. Die Verbindung Baum und Schlange kann ein Hinweis auf eine Orakelstätte sein.

Der Apfel

Der Apfel gehört zu den ältesten Sammelfrüchten der Menschheit. Er war stets Attribut der Großen Göttin und verdeutlichte, daß Liebe, Fruchtbarkeit, Leben und Sterben in der Hand der Göttin lagen. Äpfel gelten als Sinnbilder des Lebens, aber auch des Todes und der Unsterblichkeit. Diese dreifache Symbolik des Apfels wird im Märchen Schneewittchen deutlich. Die eine Hälfte eines Apfels schenkt das Leben, die andere Hälfte bringt den Tod. Da Schneewittchen die todesbringende Apfelhälfte wählt, stirbt sie, erwacht aber bald zu neuem Leben.

'Für die Schönste' war in der griechischen Mythologie der goldene Apfel bestimmt, den die Göttin der Zwietracht in eine Hochzeitsgesellschaft warf. Für die Göttinnen Hera, Athene und Aphrodite wurde dieser Apfel zum Zankapfel, der letztendlich den Trojanischen Krieg auslöste. Die goldenen Äpfel der germanischen Göttin Iduna schenkten den Göttern ewige Jugend und Unsterblichkeit.

Im alten Rom wurde der Granatapfel, der auf Matronensteinen erscheint, der jungvermählten Frau zugeordnet. Das Öffnen des Granatapfels wird in Beziehung zur Defloration gebracht. In der keltischen Tradition stand der Apfel als Symbol für spirituelles Wissen. Er hatte die größte Beziehung zur Anderswelt. Zeitlosigkeit, Unsichtbarkeit und Reichtum fanden ihr Reich in Avalon, der begnadeten Apfelinsel.

Da das Kerngehäuse des Apfels bei waagerechtem Schnitt den Fünfstern zeigt, glaubt man an magische Kräfte dieser Frucht. Auch wird der Apfel als Mittel der Weissagung genutzt. Aus dem Fall und dem Bild von Apfelschalen werden bis heute Zukunftsgeschehnisse herausgelesen.

Die Birne

Neben dem Apfel diente die Birne schon in früher Menschengeschichte der Ernährung. Wer die wildwachsenden Gotenäpfel und Holzbirnen heute findet, kann sich vorstellen, daß unsere Vorfahren mit diesen winzigen Früchten nicht den großen Hunger stillen konnten. Von den Römern wurden Äpfel und Birnen veredelt, die dadurch an Größe und Geschmack gewannen.

Getrocknet waren beide Baumfrüchte bis in jüngster Vergangenheit eine wichtige Nahrungsergänzung im Winter. Zu Mus gekochte Trockenbirnen wurden als Belag auf Hefetorten verwandt. Diese 'Biiretaat' durfte auf dem Land bei keiner Beerdigung fehlen.
Auf den Matronensteinen kommt die Birne viel häufiger vor als der Apfel. Ihre Symbolik ist jedoch weniger bekannt. Auch die Birne ist ein Fruchtbarkeitssymbol, meint jedoch die Fruchtbarkeit beim Sterben und nach dem Tode. Am deutlichsten erzählt dies die alte Ballade des Herrn von Ribbeck auf Ribbeck im Havelland, die Theodor Fontane in Reimform brachte. Der Herr von Ribbeck beschenkte Mädchen und Buben stets mit Birnen. "So ging es viele Jahre, bis lobesam/ Der von Ribbeck auf Ribbeck zu sterben kam." Er bat, daß man ihm eine Birne mit ins Grab geben möchte: "Und im dritten Jahr aus dem stillen Haus/ Ein Birnbaumsprößling sproßt heraus." Nach Jahren reiften zur 'goldenen Herbsteszeit' die Früchte, und die Kinder konnten wieder Birnen ernten. Die Ballade schließt: "So spendet Segen noch immer die Hand/ Des Herrn von Ribbeck auf Ribbeck im Havelland." Segen spenden noch im Tode, das ist die eigentliche Symbolik der Birne.
Wegen ihrer an weibliche Formen erinnernden Gestalt ist die Birne ein Frauensymbol. Eiszeitliche Frauenstatuetten, zum Beispiel die Frau von Willendorf, zeigen in ihren überbetonten weiblichen Merkmalen oftmals Birnenform. Auch ähnelt der schwangere Bauch einer Birne. Im Mittelalter galt der Birnbaum wegen seiner 'makellosen', weißen Blüten als Symbol Marias, der ohne Erbsünde geborenen Makellosen.
Oben auf den Matronen-Altären liegt oftmals eine einzelne Birne. In Schalen und Füllhörnern ist sie gemeinsam mit anderen Früchten arrangiert. Mehrere und verschiedenartige Früchte symbolisieren Fülle, Reichtum und Wohlstand im praktischen Leben und Weiterentwicklung in spiritueller Hinsicht.

Der Pinienzapfen

Insgesamt sind 32 mal Pinienzapfen auf den Schmalseiten der Matronensteine abgebildet. Dieses aus südlichen Ländern stammende Attribut ist ein häufiges Schmuckelement der Antike. Im alten Rom ist der Pinienzapfen bei

großen Monumenten, in Tempeln, auf Säulen, an Brunnen und besonders in der Grabkunst, so auch in Mausoleen, zu sehen. Vorläufer der römischen Piniendarstellungen wurden bei Gräbern in etrurischen, ägyptischen und kleinasiatischen Gebieten entdeckt.
Auch die Pinie ist ein Fruchtbarkeitssymbol. Man nimmt an, daß sie wegen der unablässigen Produktion neuer Zapfen zu dieser Bewertung kam. In Verbindung mit Wasser oder Brunnen wird der Pinienzapfen zum Lebenssymbol. Ein riesiger Pinienzapfen ziert einen Brunnen im Vatikan. Dieses antike Lebenssymbol nahm Karl der Große zum Vorbild, als er einen fast einen Meter hohen Pinienzapfen aus Bronze für einen Brunnen im Atrium seiner Pfalzkapelle in Aachen schaffen ließ.
Die Pinie war der heilige Baum der kleinasiatischen Göttin Kybele. Die Anhänger dieser Mysterienreligion fällten am Frühlingsanfang bei der Trauerfeier um den Götterliebling Attis eine Pinie und trugen diese in feierlicher Prozession zum Tempel ihrer Göttin. Auf einem Relief, in den Kapitolinischen Museen in Rom aufbewahrt, überreicht ein Priester der Kybele ein Gefäß mit Pinienzapfen.
In einem Bleisarg, der 1965 in Lommersum-Bodenheim (Kreis Euskirchen) zutage kam, war ein Pinienzapfen aus Eisen dem Toten beigegeben. Die Häufigkeit der Pinie bei Grabstätten läßt Schmuckcharakter vermuten. Andererseits wird angenommen, "daß der Verstorbene im Pinienzapfen eine Garantie für das ihm bereits zu Lebzeiten versprochene ewige Leben sah."[10]
Der Pinienzapfen in den Füllhörnern auf Matronensteinen ist oft mit anderen Früchten kombiniert. Da man sich die Früchte bunt bemalt vorstellen muß, würde dem Pinienzapfen die schwarze Farbe zukommen, während die Granatäpfel rot und die Birnen weiß zu denken wären. Alle drei Attribute weisen auf Leben, Tod und Wiedergeburt hin.

Das Füllhorn

55 mal zieren Füllhörner Matronensteine. Meistens sind sie mit Früchten und Ähren gefüllt. Ein Weihestein der Matronae Mahlinehae aus Köln zeigt abweichend von dieser Norm ein Füllhorn mit Globus und Ruder und rückt

diese Matronen in die Nähe der römischen Fortuna. Auf einem Weihestein an die Junonen von Bonn sind Füllhorn und Rad eingemeißelt.
Das Tierhorn ist Zeichen der männlichen Lebenskraft. Am häufigsten wird es dem Stier und dem Hirsch zugeordnet, den beiden Gehörnten, die gebändigte und ungebändigte Naturkräfte verdeutlichen. Durch einen 'Kunstgriff' wurden bei Felszeichnungen aus Tierhörnern Mondsicheln. Das eindeutig androgyne Horn wird umgekehrt zum Füllhorn der Göttin (u.a. Rosmerta), die es mit reichen Gaben füllt. Das überquellende Horn symbolisiert die Überfluß spendende Kraft und erzählt von paradiesischen Zuständen. Ob allerdings das Paradies im Diesseits oder im Jenseits gemeint ist, wäre von Fall zu Fall zu klären.
Weihesteine für Mercurius Gebrinius, die in Bonn an der gleichen Fundstelle wie die Matronensteine sichergestellt wurden, zeigen ebenfalls Füllhörner mit Früchten. Ursprünglich ist es jedoch "die Muttergöttin, die Reichtum und Wohlstand hervorbringt, sie ist es, die den prallen Beutel dem Merkur schenkt -dieser ist nur der Verteiler."[11]

Der Kranich

Kraniche weisen Merkur, den römischen Gott des Handels und Wandels, der als Planetengott der Sonne am nächsten steht, als 'Kultbegleiter' der Matronen aus.
Wenn Kraniche in ihrer keilartigen Formation in Richtung Süden fliegen, wissen wir, daß der Winter vor der Tür steht. Kehren sie vom Süden zurück, verkündet ihr aufgeregtes Schreien: Der Frühling naht! Auf dem Land wird bis heute die Rückkehr dieser Zugvögel beobachtet und -wenn auch nicht gefeiert- so doch mit Freuden begrüßt. Oftmals rasten diese Wildgänse in der Nordeifel. Bis vor Jahren ließen Kraniche sich regelmäßig in der Nähe des Matronentempels bei Nettersheim zu einer Verschnaufpause nieder. Verblüffend ist es, wie schnell sie sich nach dem Start in ihre Formation einordnen können. Im Eifeler Volksmund heißen die Kraniche 'Hollergänse'. In dieser Bezeichnung kann sich eine Verbindung zur Frau Holle, der Göttin Holla, verstecken.

Der Kranich ist Vegetationsvogel und kündet Beginn und Ende des bäuerlichen Jahres an. Da er ein Zugvögel ist, verspricht er Wiederkehr und gleichzeitig Wiedergeburt. Der Kranich ist auf Matronensteinen aus Abenden, Embken, Nettersheim und Thorr zu sehen.
Das auffällige Hüpfen, das der Kranich während der Balz und bei Erregung zeigt, läßt an fröhliches Tanzen denken. So war der Kranichtanz der Anlaß, daß Griechen und Römer den Kranich als Symbol der Liebe und der Lebensfreude sahen. Die Schienbeinknochen des Kranichs sind die längsten Röhrenknochen und wurden gerne zur Herstellung von Flöten benutzt. Das lateinische Wort *tibia* meint sowohl diesen Knochen als auch die Flöte. Kranichabbildungen können auf Flötenmusik hinweisen. Bei den Kelten war der Kranich "ein offensichtlich in mythischen Zusammenhängen stehendes Tier, wobei der Inhalt des Mythos jedoch ungeklärt bleibt."[12]

Das Schwein

Auf zahlreichen Matronensteinen gehört ein Schwein zu einer Opferhandlung. Hauptursache für die Häufigkeit des Schweins als Tieropfer sieht man darin, daß dieses Haustier in Gallien sehr verbreitet war und ein Hauptnahrungsmittel und einen wichtigen Handelszweig bildete. Aber auch in der griechischen und römischen Antike gehörte das Schwein zu den bevorzugten Opfertieren. Es war ein heiliges Tier, das die Götter den Menschen geschenkt hatten. So war es selbstverständlich, daß man es den Göttern in ritueller Form als Gabe darbrachte. Das weibliche Schwein war die große Muttersau, die Spenderin allen Lebens, die erst durch die Hygienevorschriften der Thora zum unreinen 'Schwein' wurde.
Wegen seiner zahlreichen Nachkommenschaft war die Muttersau ein Fruchtbarkeits-Symbol und galt bei Ägyptern, Griechen und Kelten als Glücksbringer. Bei den Kelten hatte die göttliche Schweinesau große Bedeutung. Arduinna, die Schutzgöttin der Ardennen, war eine göttliche Bache. Haus- und Wildschweine wurden bei sakralen Jahreszeitenfesten verzehrt: "Ursprünglich wurde am Sommerende-Fest zu Beginn des keltischen Jahres das Samhain mit einer Festmahlzeit zu Ehren der Schweinegöttin gefeiert."[13]

Brot und Getreide
Brot als das wichtigste Nahrungsmittel muß in seiner Symbolik kaum erklärt werden. Die Wandlung von Getreide mittels Sauerteig in ein neues Wesen wurde als heiliger Vorgang gesehen, und so war das Brot stets eine Gabe der Göttinnen. Im Christentum wurde das tägliche Brot von der Hausfrau immer wieder mit einem Kreuz versehen, damit es gesegnet war. Die Ähre versinnbildlicht Wachstum und reiche Getreide-Ernte, aber auch die Frucht des Mutterschoßes. Brot steht außerdem für spirituelle Nahrung, zusätzlich für Geburt, Tod und Wiedergeburt.

Die Beinamen der Matronen

Die Urgötter konnten nicht nur vielerlei Gestalten annehmen, sondern ließen sich auch mit vielen Namen anrufen. Der Name der Gottheit war von größter Kraft und Wirksamkeit. Vor ihm schauderten die bösen Geister. Wer die Namen kannte, hatte Zugang zu den Göttern und konnte unmittelbaren Kontakt mit ihnen aufnehmen. Bei den Kelten wählten die DruidInnen sehr sorgfältig die Götternamen aus, die eine besondere Eigenschaft, Fähigkeit oder Macht des Gottes ausdrücken konnten. Oft wußten die PriesterInnen allein um die Bedeutung des Wortes. Bei den lokalen Gottheiten war ein Beiname topischen Charakters von Wichtigkeit, denn ohne Benennung ihres Kultgebietes wäre die Macht der Genien gebrochen gewesen.
Die Matronen führen auf den Weihesteinen einen Beinamen, zum Beispiel Matronis Aufaniabus, Matronis Rumanehis, Matronis Octocanabus. Während die Endungen lateinisch sind, kommen die Wortstämme aus dem Keltischen und dem Germanischen. Diese "gehören zu den ältesten authentischen Zeugnissen in einer germanischen (bzw. keltischen) Sprache."[14]
Da es literarische Bezeugungen der Matronen und ihrer Beinamen nicht gibt, fungieren die Steininschriften als wichtige Originalurkunden. Übersetzung, Deutung sowie die Einordnung ins Keltische oder Germanische machen jedoch erhebliche Schwierigkeiten. Die Beinamen sind nicht nur schwer zu

deuten, sondern zunächst einmal wegen des 'barbarischen Klangs' schwierig auszusprechen: Axsinginehae, Udravarinehae, Berhuiahenehae usw. Da ist es nicht verwunderlich, daß man glaubt, die Matronen-VerehrerInnen hätten absichtlich so zungenbrechende Worte zusammengebraut, damit nur sie selbst die Göttinnen anrufen konnten. Die Schwierigkeit mit der alten Sprache liegt für uns jedoch vorwiegend in deren Fremdartigkeit begründet.
Die Kelten spielten gerne mit Worten, verdrehten Silben, tauschten Buchstaben aus und kreierten Fantasienamen, deren Sinn in einem Un-sinn versteckt wurde. Neben diesem Spiel des Urkindes mit der Sprache können Namen absichtlich verschlüsselt worden sein. Diesen Code zu knacken, dürfte für uns kaum möglich sein.
Einige Matronen-Beinamen hat man als Sinnamen erkannt. So sind die Matronae Gabiae die Gebenden, die Alagabiae die Alles-Gebenden und die Afliae die Stärkenden oder aber die Starken. Der Matronenforscher Franz Cramer sah alle Matronen-Beinamen als Sinnamen griechischen Ursprungs an. Da er die Matronen für Seherinnen hielt, kam er zu Deutungen folgender Art: Ettrahenae=Segen kündend, Gavasiae=Erdüberdrüssige Künderinnen, Vacallinehae=Sanfte Klage kündend.
Inzwischen vermutet man hinter den meisten Matronen-Beinamen ehemalige Stammes-, Siedlungs-, Fluß- oder Bachnamen. Natürlich haben auch diese Namen einen Sinn, der uns jedoch ebenfalls oft verschlossen bleibt. Die Beinamen dieser Art kennzeichnen das Gebiet, das von den jeweiligen Matronen beschützt wurde. Nur dort hatten die Göttinnen ihre vollkommene Macht, wenn sie auch anderswo verehrt wurden. Auch im Christentum finden wir diese Gebundenheit an Örtlichkeiten. So ist zum Beispiel die Muttergottes von Lourdes oder von Kevelaer in ihrer Kultheimat besonders heilmächtig, obwohl sie auch anderenorts die Menschen beschützt. Durch Wallfahrten zu den heiligen Orten kann Heilung geschehen und Hilfe erhalten werden.
(Die Matronen-Beinamen, die das hier bearbeitete Gebiet betreffen, werden bei den jeweiligen Fundorten erklärt.)

Christentum: Das Ende der Urreligionen

Die Urreligionen waren durch die Personifizierung der göttlichen Naturmächte im Laufe von Jahrhunderten zu einem vielgestaltigen, kaum noch überschaubaren Götterhimmel ausgeufert. Die Römer hatten durch die Ausdehnung ihres Reiches zahlreiche 'barbarische' Gottheiten in ihre bereits große Götterfamilie aufgenommen und verfügten nun neben ihren großen Staatsgöttern über unzählige kleine Sippen- und Familiengötter. Völlig unverständlich war es ihnen, daß das jüdische Volk nur einen Gott verehrte und sich weigerte, diesen anderen Gottheiten gleichzusetzen.

Auch die neue Gotteslehre eines Messias hätten die Römer akzeptiert, wenn diese andere Götter toleriert hätte. Daß Jesus gekreuzigt wurde, hatte allerdings wenig mit seiner Lehre zu tun, sondern mehr mit der Angst der Römer, daß dieser vom Volk geliebte und verehrte Prophet zum König im römisch besetzten Palästina ausgerufen würde. Auch die Verfolgung der Christen wurde nicht wegen deren Glauben ausgelöst, sondern wegen ihrer Mißachtung römischer Gesetze und aus politischen Gründen. Im Jahr 312 ließ Flavia Julia Helena, die Mutter des römischen Kaisers Konstantin I., sich christlich taufen und beeinflußte die Einstellung ihres Sohnes zu der neuen Lehre. Im Jahr 313 gewährte dieser im sogenannten Toleranzedikt von Mailand den Christen die volle Freiheit des Bekenntnisses und der Verkündigung. 380 erklärte Kaiser Theodosius das Christentum zur offiziellen Reichsreligion.

Die den Christen gewährte Toleranz vergalten diese mit Intoleranz gegen alle anderen Religionen. Die alten Kulte, die sicher einer Reform bedurften, bekamen keine Möglichkeit zur Neuorientierung, sondern wurden vernichtet. Mit Unterstützung der Kirche ging Kaiser Theodosius rigoros gegen Andersgläubige vor. Es gab nur noch Christen und Nichtchristen, Gläubige und Ungläubige. Die 'Ungläubigen' wurden bald nur noch abfällig 'Heiden' genannt. (Die Herkunft dieses Wortes ist umstritten. Es wird abgeleitet sowohl vom griechischen Wort éthnos=fremdes Volk, als auch vom germa-

nischen haipio=Heide, unbebautes Land, Waldgegend. Der letzten Deutung zufolge wären 'Heiden' Menschen, die ihres alten Glaubens wegen verfolgt wurden und in die Heiden fliehen mußten.)
Vielen religiösen Weltanschauungen stand das Ende bevor. Besonders die alten Göttinnenkulte fielen dem christlichen Kaisertum zum Opfer. Der seit dem 6. Jahrhundert v. Chr. bestehende riesige Artemistempel in Ephesos wurde 380 n. Chr. aufgelöst. Für die Tempel der Muttergöttinnen verfügten die römischen Behörden die Schließung. Besonders die weitverbreitete Verehrung der ägyptischen Isis und der kleinasiatischen Kybele war den Christen ein Dorn im Auge. Die Mysterienkulte mit ihren geheimen Riten wurden erbittert bekämpft.
Im Rheinland gab es mehrere Jahrhunderte hindurch Auseinandersetzungen zwischen dem sogenannten Heidentum und dem Christentum. Die Bevölkerung hielt an den tiefverwurzelten Grundwerten der alten Religionen fest. Noch zur Zeit Konstantins wurde der Großen Göttermutter in Neuß ein Tempel gebaut. Der Altar der 'Isis mit den zehntausend Beinamen' am Platz der späteren Friedhofskirche St. Gereon in Köln ist noch nach 345 n. Chr. für Opfer benutzt worden.
Nach 350 setzte sich in den Städten das Christentum immer mehr durch. In den Hauptstädten an Rhein, Mosel und Maas entstanden größere christliche Gemeinden. Köln, Trier und Tongeren wurden erste Bischofssitze. Christliche Begräbnisstätten und kleinere Märtyrerkirchen entstanden u. a. in Bonn, Aachen und Birten bei Xanten.
In den abgelegenen Berggegenden der Eifel bewahrte das Heidentum noch bis zum Ende des 4. Jahrhunderts seine alten Opferstätten. Der 'Heidentempel Pesch' erlebte nach 330 seine Blütezeit und bestand bis etwa zum Jahr 400. Zu welchem Zeitpunkt das Christentum sich bis in die entlegensten Gegenden ausdehnte, ist ungewiß, denn mit dem Verfall des Römischen Reiches und mit dem Beginn der Völkerwanderung endet jede Überlieferung durch Schriften und Denkmälern. Gräberfelder der Franken lassen durch fehlende Beigaben erkennen, daß die Menschen nach 700 Christen waren. Durch die 'Gewaltmaßnahmen' Karls des Großen (742-814) 'obsiegte'

schließlich das Christentum im gesamten Frankenland.
Doch auch als Christen ließen sich die Menschen ihre tradierten religiösen Bräuche und Riten nicht verbieten. So blieb dem Christentum, das sich auf dem Weg zur Weltkirche sah, nichts anderes übrig, als heidnische Praktiken zu integrieren. Die Kulte der Muttergöttinnen flossen in abgewandelter Form in die Verehrung der 'Gottesmutter' ein, als welche Maria seit dem dritten ökumenischen Konzil -in der alten Göttinnenstadt Ephesos 431 abgehalten- verehrt wurde. Göttliche Sexualität und frauliche Macht paßten allerdings nicht zu dem Frauenbild der christlichen Obrigkeit und wurden durch jungfräuliche Keuschheit und entwürdigende Demut ersetzt. Der Mond wurde nun als Sinnbild der überwundenen Göttin zu Füßen Marias abgebildet.
Auch von den alten Kultplätzen wollten die Menschen nicht lassen. So gab Papst Gregor der Große (589-604) die Anweisung, die Heidentempel nicht zu zerstören, sondern in christliche Kirchen umzutaufen: "Man besprenge mit Weihwasser die Tempel, man errichte Altäre und lege Reliquien hinein. Denn sind jene Kirchen gut gebaut, so muß man sie vom Götzendienst zur wahren Gottesverehrung umschaffen, damit das Volk, wenn es sieht, daß seine Kirchen nicht zerstört werden, von Herzen den Irrglauben ablege, den wahren Gott erkenne und so lieber sich an den Stätten versammle, an die es gewöhnt war."[15]
So stehen viele große Kirchen wie das Aachener und Bonner Münster auf alten Kultplätzen. Auf dem Land haben Dorfkirchen, Kapellen, Bildstöcke und Wegekreuze die ehemaligen heidnischen Heiligtümer ersetzt.
Auch die Verehrung der Matronen-Göttinnen ließ sich nicht ersatzlos abschaffen. Als Heilige lebten diese im Volk weiter, häufig in Dreierform, allerdings nicht als zwei machtvolle Mütter und eine junge Göttin, sondern als drei keusche Jungfrauen. Im Dom zu Worms zeigt ein Relief aus dem 15. Jahrhundert die drei heiligen Jungfrauen Einbede, Warbede und Wilbede, deren Kult aus vorchristlicher Zeit stammen soll. Die drei 'Beden' werden im süddeutschen Raum als Spenderinnen von Segen und Fruchtbarkeit um Schutz und Hilfe angerufen. Ihre Namen werden mit Erde, Sonne und Mond in Verbindung gebracht. Die Silbe 'bede' wird mit beten gleichgesetzt.

Ebenfalls unter anderen Bezeichnungen waren die drei heiligen Jungfrauen bekannt, zum Beispiel als drei Marien, die Frauen unter dem Kreuz: Maria als Mutter Jesu, Maria Magdalena und Maria Kleophas. Verehrung fanden sie auch als drei heilige Madel: Barbara, Margaretha und Katharina, die einzigen Frauen unter den vierzehn Nothelfern.

Im alten Ubierland übernahmen Fides, Spes und Caritas die Stelle der Matronen. Diese Heiligen wurden als 'theologische Personifikationen' der drei göttlichen Tugenden Glaube, Hoffnung und Liebe eingesetzt. In der Heiligenlegende ist die heilige Sophia die Mutter der drei Jungfrauen, die in Rom unter Kaiser Hadrians Regierung (117-138) den Märtyrertod durch Enthauptung erlitten haben sollen. Daß Sophia, die weiblich-göttliche Weisheit, die kirchlichen Haupttugenden 'bemuttert', erscheint gesucht und künstlich: "Man merkt, daß damit eine bereits bestehende Verehrung erklärt und in den kirchlichen Bereich übernommen werden soll."[16]

Die drei heiligen, wesensgleichen Schwestern werden als Schützerinnen der Frauen betrachtet. Sie verleihen Eheglück und Fruchtbarkeit und helfen Gebärenden. Ebenfalls werden sie bei Kinderkrankheiten angerufen. Im Volksmund wurden sie Pell-, Schwell- und Krieschmerge genannt und sollten als Marien (Merge) bei Hautkrankheiten (Pell), bei Gliederanschwellungen (Schwell) und bei Weinerlichkeit (Kriesch) helfen. Im einzelnen galten die drei Heiligen als "segenspendende Jungfrauen, Nothelferinnen, Guttäterinnen, Beschützerinnen des menschlichen Lebens, Heilrätinnen, Pestpatroninnen und Spenderinnen von Fruchtbarkeit für Mensch und Erde."[17]

Verehrt wurden die drei Jungfrauen besonders vom Volk, nicht so sehr in Pfarrkirchen, eher in Filialgemeinden und in Privatkapellen. Sie waren Volksheilige wie die Matronen Volksgöttinnen gewesen waren. Manche Drei-Jungfrauen-Orte entwickelten sich zu Wallfahrtsorten, zum Beispiel Frauenrath bei Jülich, Thum bei Nideggen und Weilerswist (Kreis Euskirchen). Das 'Dreijungfernfest' hat man auf den 1. August festgelegt, eines der keltischen Jahreszeitenfesten: Lughnasad, das Fest vor der Ernte (Schnitterfest). Es ist der Gegenpol zum 1. Februar, dem keltischen Imbolc, dem Fest des beginnenden Frühlings und der großen Göttin Brigid, die ebenfalls in dreifacher Form verkörpert wurde. Im katholischen Festkalender feiert die Bauernheilige Brigitta am 1. Februar ihren Namenstag, dem ein Tag später der Maria-Lichtmeß-Tag folgt.

Das älteste Beweisstück für die Verehrung von Fides, Spes und Caritas ist ein Bleisiegel des Kölner Erzbischofs Pilgrimus von etwa 1020, das 1864 im Altar der Pfarrkirche in Bettenhoven bei Jülich gefunden wurde. Auf der Rückseite zeigt das Siegel die drei Jungfrauen und eine Inschrift, die frei übertragen 'Gegenstand der frommen Verehrung in Köln' lautet. Der Nachfolger dieses Erzbischofs hat ein Siegel mit der gleichen Darstellung benutzt. Der Dreijungfrauenkult muß also zu dieser Zeit eine große Bedeutung in Köln gehabt haben.

Im 9. Jahrhundert tauchen die drei Jungfrauen in einer Litanei von Münstereifel auf. Vom 11. bis 13. Jahrhundert melden sechs Kalender von Köln, Aachen und Xanten den Festtag von Fides, Spes und Caritas. Ein Bild aus dem Mittelalter in der Agneskapelle des Kölner Doms zeigt die drei Schwestern gemeinsam mit der heiligen Kümmernis und dem gekreuzigten Jesus. Alt ist der Kult von Fides, Spes und Caritas in Thum. Um 1200 ist für Weilerswist die Verehrung von Fides, Spes und Caritas nachgewiesen. In Sistig (Kall) erinnert eine Inschrift in der Kirchenwand an die Verehrung der drei heiligen Schwestern. In Kalterherberg (bei Monschau) ist die Verehrung von Fides, Spes und Caritas alte Tradition. Die Drei-Fische-Tierkreisbilder in der Basilika St. Gereon in Köln und in der Kirche von Wormbach im Sauerland werden als Erinnerung an drei christianisierte Göttinnen gedeutet.[18]

Erst im 15./16. Jahrhundert übernimmt der Adel den volkstümlichen Dreijungfrauenkult von Fides, Spes und Caritas. Mancherorts erlebt er erst vom 17. bis zum 19. Jahrhundert eine Blütezeit. Das sagt jedoch nichts über Ursprung und Ausübung des Kultes aus: "So ist es falsch zu meinen, daß bei spät beginnender Verehrung nicht doch vorchristliche Vorstellungen einfließen können."[19]

Juffern in der Sagenwelt

Nicht nur im Heiligenhimmel, sondern auch in der Geisterwelt lebten die Matronen weiter. Als Juffern erschienen sie immer wieder in der realen Welt. Es muß allerdings von der Vergangenheit geschrieben werden, denn in neuerer Zeit haben die Juffern wenig Verlangen gezeigt, als Lichtgestalten zu erscheinen, oder aber die Menschen haben die Wahrnehmungsfähigkeit so zarter Wesen verloren.

Das Wort 'Juffer' wird heute abfällig gebraucht. Eine Juffer ist laut Volksmeinung eine Jungfrau, die keinen Mann 'abgekriegt' hat und (infolge der Ehelosigkeit) verhärmt, verknöchert und sonderlich geworden ist. Das Rheinische Wörterbuch deklariert 'en al Juffer' als 'alte, untaugliche, mit Unarten versehene Jungfrau'. In den Sagen ist das jedoch ganz anders; dort sind die Juffern selbstbewußte, majestätische, alterslose Damen, vor denen sich die Bäume verbeugen. Stets sind es Jungfrauen; von Frausein und von Mütterlichkeit ist nicht die Rede. Die auf Ehe hindeutenden Matronenhauben kommen in den Sagen nicht vor. Kopfbedeckungen sind selten: einmal ein spitzes Hütchen, ein anderes Mal eine Myrthenkrone und einige Male ein Schleier. Die Betonung der Jungfräulichkeit kann ein Hinweis auf die Dominanz der mittleren, jungfräulichen Göttin der Matronentriade sein. Es kann aber auch die christliche Hervorhebung der Jungfräulichkeit in den Sagenbereich hineingespielt haben.

Besonders viele Juffernsagen sind aus dem Eschweiler, Jülicher und Dürener Raum bekannt, denn dort hat Heinrich Hoffmann um 1900 eifrigst Sagen gesammelt und veröffentlicht.[20] Sicherlich sind in dem Gebiet zwischen Eifel und Rhein ebenfalls viele Juffernsagen erzählt worden, die jedoch nur vereinzelt aufgeschrieben wurden und zum größten Teil vergesssen sind. Franz Peter Kürten schrieb, daß es 'Tausende der geisternden Juffern und Frauen im Rheinland gibt."[21]

Auffällig ist, daß die Juffernsagen häufig dort erzählt wurden, wo -später- Matronensteine gefunden wurden. Nur einige Juffern haben sich in andere

Gebiete verirrt. So geistern diese feenhaften Wesen zum Beispiel in der Kindsharth, einem Waldgebiet bei Schleiden/Eifel, obwohl es in diesem Gebiet keine Hinweise auf Matronenverehrung gibt, d. h. man ist bisher dort nicht auf Weihesteine gestoßen.

In den Erzählungen haben sich viele gleiche Elemente erhalten, so daß davon ausgegangen werden kann, daß die Sagen ein altes Wissen bewahrt und sich nur selten an aufgefundenen Matronensteinen orientiert haben. Die Juffer erscheint entweder in der Dreierform oder allein; ihr Grundwesen ist gütig. Segnend schreiten Juffern durch ihr Schutzgebiet, das -wie bei den Matronen- auf einen bestimmten Bezirk beschränkt ist.

Durch hübsches Aussehen, hoheitsvollen Gang und vornehme Kleidung differenzieren sich die Juffern gravierend von den häßlichen und alten Hexen der Märchenwelt. Menschen, die von einer Erscheinung der Juffern erzählt haben, ist deren Kleidung aufgefallen, die an die Ubiertracht der Matronen erinnert. Ein Berichterstatter beschrieb eine Juffer folgendermaßen: “Sie war ausnehmend schön von Angesicht und in blendend weiße Gewänder gekleidet.” Die Helligkeit und die weiße Kleidung der Wesen aus der Anderswelt ließen allgemein von ‘wisse Juffern’ sprechen. Die Kleider waren lang und rauschten beim Gehen wie Seide, was den Juffern zusätzlich den Namen ‘ruschige Juffern’ einbrachte. Dieses Rauschen kündete die Juffern an, wobei sie nicht unbedingt sichtbar werden mußten. Eine feenhafte Juffer war bemüht, daß ihre kostbaren Gewänder nicht den Boden streiften: “Wie die Damen zu Großmutterzeiten beim Tanze die Kleider rafften, so hielt auch sie mit den Händen das rauschende Seidenkleid an beiden Seiten fest und hob es etwas in die Höhe.”

Bewunderung wurde einer vornehmen Dame in einer Kölner Sage gezollt: “Die schlimmsten Spukgeschichten fanden auf der Hochstraße nahe am Severinstor statt. Dort begegenete dem nächtlichen Wanderer eine wunderschöne, fast übergroß gewachsene Frauengestalt. Reich gelockt fiel ihr das Haar, von Perlen und Edelsteinen durchwunden, in den stolzen Nacken, kostbar und prächtig waren ihre Gewänder.”[22]

Aber nicht nur ganz in weiß, sondern auch in schwarz kleideten sich die

Juffern: “Die Juffer von Jüngersdorf trug ein schwarzes Gewand wie in Trauer, und ihr Angesicht verhüllte ein lang herabwallender, schwarzer Schleider.” Eine andere Juffer ging halbweiß und halbschwarz um; wieder eine andere war schwarzgekleidet und weißverschleiert, eine andere weißgekleidet und schwarzverschleiert. Hier kann sich die Entthronung der Göttinnen widerspiegeln.
Die Juffern kündeten wiederholt den Tod an. Sie waren stumme Wesen, tauchten ohne ein Wort zu sprechen aus der unsichtbaren in die sichtbare Welt auf und verschwanden genauso stumm wieder ins Reich der Geister. Immer wieder wird in den Sagen davor gewarnt, die Jungfrauen anzusprechen, da dies den Tod zur Folge habe. Ein Zusammenhang zur früheren Göttlichkeit dieser Wesen wird dadurch erkennbar: “Daß das Ansprechen göttlicher Wesen, das So-wie-Gott-sein-wollen, den Tod oder eine andere Form der Wandlung nach sich zieht, wurzelt in Urzeiten.”[23]
In der Kölner Sage wird der todbringende Aspekt genau beschrieben: “Wehe dem, der sie anredete; zu ihm wendete sie sich, schloß ihn, ohne ein Wort zu sprechen an ihre Brust und verschwand. Wen sie also umarmt, den traf der Tod nach einigen Tagen. Blieb aber vorsichtig stumm, dem sie sich als Begleitung zugesellte, dann seufzte sie tief auf, setzte ihr Tischlein (Opfertisch?) an der Ecke des Büchels zur Erde, klatschte in die Hände und war verschwunden.”
In den Sagen wird stets betont, daß ‘de Lück bang vüe se wore’ (Angst hatten), obwohl die Juffern niemandem etwas zu Leide taten, wenn man sie respektierte und in Ruhe ließ. Von einer Juffer aus der Kuhgasse in Eschweiler heißt es, daß man ihr nicht zu nahe kommen durfte, ‘denn die Juffer war gefährlich’. Worin diese Gefährlichkeit lag, wird nicht erklärt.
Auch in der Eifel traute man den Juffern nicht über den Weg: “Wer nächtlicherweile an der versunkenen Ritterburg (Stolzenburg bei Urft/Kall) und der Teufelsader (Römerkanal) vorbei seines Weges gehen muß, der lasse sich nicht vom Grauen übermannen und nicht zu beschleunigtem Schritt verleiten; denn unten am Bach sitzen im Dunkel der Nacht die drei Jungfern in weißen Gewändern und spiegeln sich in den leise rinnenden Fluten des

Urft-Baches, und diese durch hastigen, lauten Schritt zu verscheuchen wäre Frevel, der schwer zu büßen ist."[24] Die Art der Buße hat ein 'alter Gewährsmann' vor Jahrzehnten so formuliert: "Es war um den geschehen, den sie erblickten."

Durch die Furcht der Menschen wird die Segenskraft der Juffern nicht geschmälert. Der schützende Charakter der Matronen spiegelt sich unverkennbar in den Juffernsagen wider, denn auch die Juffern beschützen die Früchte der Erde. Besonders auf das Obst, das auch der Obhut der Matronen anvertraut war, gaben sie acht. Unentwegt gingen die Juffern 'rund' und paßten auf, daß kein Obst gestohlen wurde. In einer Sage von der Heimbacher Burg wird eine solche Bewachung geschildert: "Wenn Obstdiebe die Bäume erkletterten, erschienen die Juffern, rüttelten heftig an den Bäumen und verscheuchten die Eindringlinge. Sie verfolgten sie bis zur äußeren Ringmauer, klatschten in die Hände und stießen laute Jauchzer aus."

Von der Vorstellung der Germanen und Kelten, daß Gottheiten in heiligen Bäumen leben, erzählt eine bemerkenswerte Juffernsage aus dem Eschweiler Raum: "In der Azenau bei Gressenich stand früher ein großer, alter Baum. Um Mitternacht kam aus diesem Baum eine weiße Juffer hervor. Sie ging über den Bach an der Gressenicher Mühle vorbei und kehrte dann wieder in den Baum zurück. Wer dieser Juffer auf ihrer Wanderung begegnete, mußte in demselben Jahr sterben." In Türnich bei Kerpen wohnte eine Juffer in einer Buche, der man den Namen 'Juffernbuche' gab.

Die Juffer erschien meist um Mitternacht, 'öm 12 Ue jenau', manchmal auch beim Beginn der Dunkelheit, gelegentlich auch zur Mittagszeit. Sie war sowohl Nacht- als Tagesgespenst, Mitternachtsfrau und Mittagsmuhme, sie liebte die Sonne und den Mond. Für ihre Naturfeste bevorzugte sie spezielle Tage. Am 'Feyentag' hielt die Juffer Fey in ihrem Wohnsitz nahe der Feyquelle bei Weyer in der Eifel ein großes Hoffest: "Trotzig und breit starren die Mauern ihrer Burg zur Höhe, Buchen wachsen schlank wie Pfeiler empor und wölben ein Laubdach über Kalksteinriesen und Moosteppich. Wie durch hohe Fenster hindurch dringt der sonnenleuchtende Strahl in geheimnisvolle Nischen. Da ist ein Weben und Blühen, ein Singen und Klingen. Da ist's geheimnisvoll schön. Aber ein Wort steht am Schloßeingang, besonders sichtbar in den Tagen der Sonnenwende: Opgepaaß on net gelaach, höck ös aller Feyen Dag (Aufgepaßt und nicht gelacht, heute ist der Tag aller Feen)."[25]

Laut anderer Überlieferung wurde der Feyentag nicht zu den Sonnwenden gefeiert, sondern lag in der Herbstzeit, 'wenn die ersten Blätter von den Bäumen fallen'.

Die Juffern erschienen stets an bestimmten Plätzen. Die Juffer Fey hatte bei Satzvey einen Zweitwohnsitz: "Zwischen Satzvey und Veynau ist in dem Wiesental eine sumpfige, mit Bäumen und Gesträuch, Binsen und Schilf bewachsene Stelle, welche die Jufferfey genannt wird." Die Nörvenicher Juffern hausten 'e paar Wörp van de Jöhscheme Berg af, wo et em aale Weihe heesch' (ein paar Wurf vom 'Jöhschemer Berg' entfernt, wo es im 'Alten Weiher' heißt). In einem Wagen mit feurigen Rädern fuhr eine weiße Frau durch die Wahner Heide. Dort sollen sich in einem ausgehöhlten Riesenstein, dem Hollstein, die Menschen, 'die nicht den Weg zum Christentum mitgingen', versteckt haben und durch einen unterirdischen Gang zum heiligen Berg Lüderich gegangen sein.

In Nettersheim saßen die Juffern in mondhellen Nächten an den Stellen, wo jeweils der Schleifbach und der Wellerbach in die Urft fließen, also unterhalb des Matronentempels. Auch an anderen Orten spukten die Juffern an Bächen und Flüssen, den Begleitern der Matronenverehrung.

Manche Juffern hatten sich in alten Burggemäuern niedergelassen (Eschweiler, Heimbach, Juntersdorf u.a.) und werden daher mit verstorbenen Burgjungfern gleichgesetzt. Ihr Aussehen, ihre Erscheinungsform und ihr Wesen entsprechen aber eindeutig den Juffernmerkmalen. Ob auch die 'schatzhütenden Juffern', die 'Heimatrecht im Siebengebirge' haben, mit den Matronen verwandt sind? Sie erschienen auf dem 'Heidchen' zwischen Drachenfels und Wolkenburg, auf der Löwenburg und auf der Rosenau.

Auch die Wanderrouten der Juffern sind festgelegt. In Derichsweiler im Kreis Düren gab es einen besonderen Weg für die Juffern, et Jufferpättche: "Do soll ne Jötzetempel jestange hann. Dat es jet us dr all Zeck. Dat wued ald emme vürann verzellt." (Da soll ein Götzentempel gestanden haben. Das ist etwas aus der alten Zeit. Das wurde immer weiter erzählt.) Gerne wandelten die Juffern auf den alten Römerstraßen oder an Kreuzwegen, so zum Beispiel in Gürzenich, wo eine von Düren kommende Straße durch einen Feldweg gekreuzt wurde.

Tanzende Juffern geben Hinweise auf fröhliche Fruchtbarkeits- und mythische Mondtänze. Die Jufferntanzplätze sind nicht mit den Hexentanzplätzen identisch; nicht im dunklen Wald, sondern auf Wiesen und Feldern hielten die Juffern zur Mai- oder Mitsommerzeit ihre Tanzfeste ab. Auch wenn die Juffern 'wie ein Sturmwind vorbeisausen', ist eine Verbindung zum Tanz erkennbar. Beim Tanzen offenbart sich das heitere Wesen der Juffern, das fröhliche Urständ in den häufigen Jauchzern feierte. Obwohl die Juffern in der Regel sehr geräuschempfindlich waren, machte ihnen das Händeklatschen, mit dem sie sich jauchzend aus der Menschenwelt verabschiedeten, anscheinend riesigen Spaß. Daß sie nicht nur heiter waren, sondern auch die Menschen fröhlich machen konnten, zeigt sich in der Sage von Morken (s. weiter unten).

Fast ausgelassen erscheinen die Juffern in einer Erzählung von Merzenich bei Düren. Dort sah ein Bauer drei tanzende Juffern, als er auf dem Feld mittags seine mitgebrachten Brotschnitten verzehrte: "Während des Essens hörte er auf einmal ein Lachen und Jauchzen. Neugierig erhob er sich: da erblickte er drei Juffern, die sich an den Händen gefaßt hielten und in seinem Hafer im Kreise umhertanzten. Entrüstet rief er ihnen zu: 'Joht dooh wäg! Wat hat ie en mengem Haver zu donn?' (Geht weg da! Was habt ihr in meinem Hafer zu tun?) Die drei Jungfrauen hielten zwar einen Augenblick in ihrem fröhlichen Tun ein, setzten aber dann den Tanz unter lautem Jubel noch eine Weile fort; doch als er auf sie zukam, waren sie plötzlich verschwunden. Wie er sich nun den Schaden besehen wollte, fand er, daß kein Halm geknickt war; auch ihre Füße hatten keine Spur zurückgelassen. Da wurde ihm ganz ängstlich zumute, und in Zukunft blieb er nie mehr über Mittag auf dem Felde."

Die Juffern zog es gerne zu vorchristlichen Kultplätzen und zu alten Kirchen.

Zwischen Engelgau und Nettersheim steht auf römischen Fundamenten eine uralte Kapelle, die Ahekapelle. Auch hierhin zog es die Juffern. Wenn sie sich der Kapelle näherten und diese erblickten, begannen durch die Macht der Juffern die dortigen Glocken von selbst zu läuten. In den alten Kirchen von Thum und Brenig (Lüftelberg) erklangen von selbst Glocken, als sich die drei heiligen Jungfrauen Fides, Spes und Caritas den Orten näherten.
In Bonn haben die Glocken des Münsters die alten Götter, und damit die dortigen Matronen, vertrieben: "Das Bonner Münster ragt hoch über das Häusermeer der Stadt empor. In grauer Vorzeit stand hier ein Heidentempel, in dem an einem großen Opferstein die Ubier der Gegend ihren Göttern opferten. An diesem Altar mag mancher Kriegsgefangene und Sklave verblutet sein. Als die heilige Helena, die Mutter des Kaisers Konstantin, nach Bonn kam, sank der Göttertempel in Trümmer. Die fromme Kaiserin ließ auch die Eichen fällen, die das Heiligtum der Heiden umgaben. Hier erhob sich bald zu Ehren des heiligen Cassius ein neues Heiligtum, eine Kirche... Sooft ein Gewitter über das Bonner Land heraufzog, haben die Münsterglocken mit ehernem Mund die Leute drunten gewarnt, und jedesmal vereinigte sich das Gebrüll des Donners mit ihrem metallenen Mahnruf. Besonders schauerlich ist's am Münster, wenn um die Mitternachtsstunde ein Gewitter heraufzieht. Dann erheben sich beim ersten Donnerschlag von jener Stätte, wo einst ihr Tempel gestanden, die Geister der Götzendiener..."[26]
Daß die Juffern die Hilfe der Menschen brauchen, erzählt die Sage 'Die drei Juffern von Morken'. In Morken-Harff bei Bedburg wurden 1958 über 500 Matronenbruchstücke gefunden. Dort hat man sich in einer Sage, die sieben Jahre <u>vor</u> den Funden veröffentlicht wurde, an den ursprünglichen Sinn der Opfergaben für die Wesen der Natur erinnert. Sobald regelmäßig ein Opfer gebracht wird, ergießt sich der Segen über Haus und Hof. Die Orte Morken und Harff wurden dem Braunkohleabbau geopfert. In der Sage scheint es fast, als ob die Juffern ahnen, daß ihr Schutzgebiet bedroht ist. Da die Sage aus Morken voller Matronen-Symbolik ist, wird sie hier vollständig wiedergegeben.

Die drei Juffern von Morken

Abend war es. Der Nebel stieg aus den Wiesen, wallte und wogte wie weiße Schleier und hob und senkte sich wieder in seltsamen Gebilden. Das Mondlicht schimmerte silbern auf den Wassern der Erft und breitete sich mild über die stille Landschaft. Da schritt ein Bauer, von Frimmersdorf kommend, längs der Erft eilends auf Morken zu. Ab und zu rauschten die Wasser des Flusses murmelnd auf, und im Gras, das seine Füße streiften, regte sich traumschwer erwachtes Getier. Dem Mann schien die vertraute Landschaft so weit und einsam wie nie zuvor. Nur die Nebel wallten und wogten, hoben und senkten sich in seltsamen Gebilden.

Plötzlich sah der Wanderer in einiger Entfernung drei verhüllte Frauengestalten. Was taten die Frauen auf dem einsamen nächtlichen Weg, so weit noch vom Dorf? Da bemerkte er, daß die eine die Arme hob und wie segnend -oder bittend?- breitete. Weiterschreitend dünkte es dem Mann, die Gestalten seien Nebelgebilde. Aber sie blieben am Weg. Sie wichen nur etwas zur Seite, als er näher kam, hoben nun alle drei mit heftigen Bewegungen die Arme und winkten ihm schweigend zu. Es schien dem Bauern immer mehr, als liege ein banges Flehen in ihren Gebärden; und dann sah er, daß die Gestalten manchmal einander stützen mußten wie Menschen, die von einem weiten Weg ermüdet sind. Da dauerte es den Mann, daß er weder Brot noch Milch oder Obst oder andere Labung bei sich hatte, und er ging in verlegenem Schweigen vorüber. Künftig werde er, so nahm er sich in einer plötzlichen Aufwallung vor, auf dem Tisch vor seinem Haus abends einen Krug mit Milch und ein Stück Brot bereitstellen, daß die, die noch wandern mußten, wenn andere schon ruhten, auch des Nachts bei ihm eine Labung fänden; und wie unsinnig ihm dieser Vorsatz später auch manchmal erscheinen mochte, er hielt ihn getreu bis zum Tode.

Nach der Begegnung mit den drei seltsamen Frauen ging der Bauer nachdenklich weiter. Es war ihm ganz eigen zumute, so als müsse er jetzt inmitten der nächtlichen Landschaft sein augenblickliches Leben und Schaffen überdenken. Nichts stach als Besonderes aus dem Ablauf seiner Jahre hervor.

Ein Tag reihte sich, mit Arbeit angefüllt, an den andern, ab und zu von einem frohen Fest unterbrochen, auf das man sich dann lange freute. Er hatte ein gutes und fleißiges Weib und einen Besitz, der seinen Mann ernährte. Emsig schaffen mußte er zwar, aber er arbeitete gern. Nur fehlte ihm und seiner Frau das, was sie seit zehn Jahren vergebens erhofften: der Kindersegen. Andern Morgens erzählte der Bauer seiner Frau von der seltsamen nächtlichen Begegnung und dem unterwegs gefaßten Vorsatz. Verwundert lauschte die Frau, doch war sie bereit, diesen Vorsatz mitzuerfüllen. Hinfort stand allabendlich vor des Bauern Haus ein Krug Milch und ein Stück Brot für hungrige nächtliche Wanderer bereit. Und seltsam war's, jeden Morgen waren der Krug leer und das Brot verschwunden und ein Apfel lag auf dem Tisch, obwohl lange Zeit keiner vom Gesinde von der bereit gestellten Wegzehrung wußte, also auch keiner sich einen üblen Scherz damit erlauben konnte. Noch seltsamer aber schien es dem Mann, daß sein Garten und seine Felder seit jenem Tag reichere Frucht brachten als je zuvor, und auch seine Frau war anders geworden, war von jenem Tage an wie umgewandelt und so heiter und fröhlich wie früher als Mädchen. Als dann das für die beiden so Beglückende sich wirklich erfüllte und nach Monaten ein Kind in der Wiege lag, war auch der Bauer von tiefer Freude erfüllt. Und wenn er später mit seiner Frau von dieser Zeit und dem sich seither mehrenden Segen in Feld und Haus sprach, so erinnerte er sie immer an die Begegnung mit den drei stillen Gestalten und daran, wie er den Vorsatz gefaßt, allabendlich für nächtliche Wanderer eine Wegzehrung bereit zu stellen.[27]

Wesen und Zuständigkeit der Matronen

Meist werden die Matronen als Fruchtbarkeitsgöttinnen oder Muttergottheiten bezeichnet. Diese Begriffe sind allerdings sehr allgemein gehalten. Wie die Geschichte zeigt, ist der Matronenkult aus unterschiedlichen Kulturen entstanden und von mehreren religiösen Richtungen überlagert worden.

Es ist daher unmöglich, die Göttinnen in eine Kategorie einzuordnen oder genau zu analysieren. Sicher wurden die Matronen bei unterschiedlichen Anlässen angerufen, so wie im Christentum in vielerlei Anliegen zu Maria gebetet wird.
Jeder der über die Matronen geschrieben hat, hat versucht, deren volksreligiöse Funktion irgendwie zu benennen. Einige Erkenntnisse werden hier wiedergegeben. Die 'Litanei' ließe sich noch um einiges verlängern.

Mütterlich-milde Schutzgöttinnen der Familie und des Hauses
Beschützerinnen von Familie und Haus, Ort und Flur
Schützerinnen von Leib und Leben, Haus, Hof und Heimat
Schutzpa(ma)trone der ländlichen Flur, der Sippe und Gemeinde
Beschirmerinnen des Ackerbaus und des Obstbaus
Schutzpa(ma)trone der Gärten und Weinberge
familiäre matronale Bauerngöttinnen
gute Geister von Haus und Hof
Haus- und Feldbeschirmerinnen
Schutzgenien von Familien und blutsverwandten Verbänden
Schutzgeister von Wald, Weide, Feld, Flur und Haustieren
Muttergottheiten von Personalverbänden
mütterlich-waltende, topisch-agrarische Götterfrauen
haus- und feldbeschirmende Mütter
Schutzpa(ma)trone, die jegliche Unbill fernhalten
Schutzgeister des Weibes als Geschlechtswesen

Die Matronen waren schützende göttliche Wesen, die das Leben und den Lebensbereich einer bestimmten Menschengruppe behüteten. Das konnte eine Familie, eine Sippe oder ein Volksstamm sein. Als Schutz-Matronen können sie göttliche Ahnfrauen solcher Personalverbände gewesen sein. Haus und Hof, Feld und Flur, Wald und Weide standen unter ihrer Obhut. Das Gebiet war dabei genau abgesteckt. Einige Schutzbezirke sind noch heute erkennbar.

Vor welchen Gefahren die Matronen ihre Schützlinge bewahrten, wird in den obigen Beispielen nur ein einziges Mal angegeben: vor jeglicher Unbill. Diese 'Unbill' können Krankheiten und Seuchen, Hunger und Not sowie Witterungsunbilden und Naturkatastrophen gewesen sein. Mächtiger göttlicher Beistand war zusätzlich nötig bei Bedrohung durch feindliche Stämme. Als gute Genien vertrieben die Schutz-Matronen die bösen Geister. Diese lauerten überall, sowohl im Menschen selbst als in Haus und Hof, auf und unter der Erde und in den Lüften. Über das von allem Bösen befreite Land konnten die Göttinnen 'mit mütterlicher Sorgfalt' ihren Segen ausbreiten und ihre guten Gaben an die Bewohner austeilen.
Als segenspendende Fruchtbarkeitsmächte wurden die Göttinnen in Berichten wie folgt tituliert:

Spenderinnen der Fruchtbarkeit und des Erntesegens
geheimnisvolle Bewirkerinnen der Fruchtbarkeit
Fruchtbarkeitsspenderinnen für den Menschen und seine Scholle
Spenderinnen göttlichen Segens und wachsender Klarheit
Spenderinnen irdischer Glücksgüter
Spenderinnen von Frieden, Wohlstand und Wachstum
Göttinnen, die Wohlstand und Glück in Haus und Hof vermehren
Hüterinnen und Geberinnen allen Lebens
schöpferische Kraft und Fülle der Natur

Der Fruchtbarkeitsaspekt der Göttinnen betrifft zunächst einmal ganz konkret diejenigen Früchte, die der Ernährung dienten: Birnen, Äpfel und Getreide. Neben diesen nützlichen Produkten waren auch die freudebringenden Dinge der Natur wichtig: Blumen, Zweige, Vögel. Die schöpferische Kraft der Fruchtbarkeitsmächte wirkte in der Gesamtheit der Natur.
Die mütterliche Fruchtbarkeit und der Kindersegen sind bei den Matronenbildnissen -im Gegensatz zu den Matresabbildungen- nicht dargestellt. Wenn die Matronen für den 'Mutterschutz' zuständig waren, dann nur als Hüterinnen allen Werdens im Einklang mit der Natur. Im Menschenleben beein-

flußten die Fruchtbarkeitsgöttinnen das Leben und den Tod, aus dem neues Leben erwächst. In dieser Beziehung waren sie Muttergottheiten und erinnern an die Große Göttin, die alles Leben gebärt, beschützt und wieder gebärt. Als diese lebensspendenden Mütter konnten die Matronen schützen und beschützen, hüten und behüten, wahren und bewahren, spenden und geben. Allerdings erwarteten sie dafür Gegengaben. Die Menschen mußten ihrerseits ihre Gottheiten schützen und beschützen, deren Kultplätze hüten und behüten, den alten Glauben wahren und bewahren sowie Opfergaben spenden und geben. Die römische Darstellung der Matronen zeigt, daß die Macht über Leben, Tod und neues Leben im Schoß der Göttinnen, und damit im Schoß der Frauen lag.

In der Heiligengeschichte beschützen Fides, Spes und Caritas die Frauen, Mütter und Kinder. Die drei heiligen Schwestern helfen bei Kinderkrankheiten. Diese Heilungskräfte sind bei den Matronen nicht ersichtlich. Die Quellen in der Nähe der alten Kultplätze können jedoch ein Hinweis sein, daß die Matronen heilende Kräfte besaßen und Heilungen bewirkten.

Gedeutet wird die Matronen-Dreiheit auch als Pythia, Wahrsagerin, Seherin oder Schicksalskünderin. Das thronende Sitzen und die Versunkenheit in sich selbst erinnern an Schicksalsgöttinnen, die den griechischen Moiren, den römischen Parzen oder den germanischen Nornen ähneln. Der Baum der Erkenntnis und die Schlange auf den Weihesteinen weisen ebenfalls auf den prophetischen Charakter der Göttinnen hin. Die kleinen Cellen in den Tempeln können Orakelstätten gewesen sein. Die Matronen wären somit die Göttinnen der Zukunft, die aus Vergangenheit und Gegenwart schöpfen.

Neben ihrer bildlichen Erscheinung werden die Matronen nach ihrer Urgestalt beurteilt, wobei in die Zeit vor der Bildwerdung zurückgeführt wird. So werden sie als Sonne, Mond und Erde gesehen, die als Sinnbilder bei der Bildwerdung Ausdruck fanden. Die beiden äußeren Matronen mit ihren runden Hauben sind nach dieser Theorie Symbole für Sonne und Mond, während die Mittelfigur die Erde darstellt. Diese wäre somit eine wirkliche Mutter, nämlich die Mutter Erde; gleichzeitig wäre sie auch Jungfrau, die jungfräuliche, heile Erde. Die jugendliche Frauengestalt wäre damit zwar

nicht menschlich -wie manchmal spekuliert wird- aber doch erdenhaft, während die 'Mütter' himmlisch-göttlich sind.
Überträgt man die These von Sonne-Erde-Mond auf das Frauenleben, so ist das heranwachsende Mädchen von der Realität der Sonne und der Intuition des Mondes umgeben; das heißt konkret, daß es im Schutz einer leiblichen und einer geistigen Mutter aufwächst. Genau dieses Bild zeigt die Matronen-Triade. Die geistige Mutter kann die Göttin (Patin) oder die weise Alte sein. In der Heiligengeschichte werden die drei Bauernheiligen Einbede, Warbede und Wilbede ebenfalls als Symbole für Erde, Sonne und Mond gehalten.
Die Deutung Sonne-Erde-Mond scheint den Matronenkult auf den Punkt zu bringen. Nur eines stimmt nicht bei dieser faszinierenden These: Die Sonne war nämlich stets der männliche Teil in der Götterwelt und wurde nicht als Göttin dargestellt. Gemeinsam als weibliches und männliches Prinzip unterstreichen Mond und Sonne den Fruchtbarkeitsaspekt.
Mond- und Sonnenkult standen zwar im Gegensatz zueinander, verschmolzen jedoch miteinander zu einem weiblich-männlichen Ganzen: "Der Mondkult beruht auf der Offenbarung, die in der Reihung Tod-Fruchtbarkeit-Wiedergeburt zum Ausdruck kommt, wobei die Betonung auf der Wiedergeburt liegt. Beim Sonnenkult dagegen liegt in der Kette Leben-Agonie-Tod die Betonung auf Tod. Man stelle sich nun diese beiden gegensätzlichen Kulte als Halbkreise vor, die zu einem Kreis zusammengefügt werden. Nun ergibt sich eine Kette ohne Ende, eine endlose Bewegung."[28]
Daß Mond- und Sonnenkult ineinander übergingen, zeigt sich auf den Weihesteinen besonders in der Zahlensymbolik (2 für Sonne, 3 für Mond, 5 für beide Kulte gemeinsam). Entfernt man die Sonne aus dem Dreierbild der Göttinnen, so bleiben Mond und Erde. Die Erde steht nun im Schutz der zwei Phasen des Mondes, dem scheinbaren Wachsen und Vergehen der Mondscheibe, der zunehmenden und abnehmenden Mondsichel. Der ewige Kreislauf am Firmament, auf der Erde und im Leben der Menschen wird durch den Mond offengelegt: Wachsen, Fülle, Vergehen und ein neues Leben. Die Verbindung der Matronen zu Tod und Wiedergeburt wird auf den Altarsteinen zusätzlich symbolisiert durch Apfel, Birne, Pinienzapfen und

Kranich. Diese Attribute rücken die Matronen in die Nähe von Todesgottheiten, die die Wiedergeburt verheißen. Ihre Macht erstreckt sich über die vollkommene Fruchtbarkeit des ewigen Lebens.
Die Bild-Darstellungen der drei Frauen demonstrieren klar, daß die Göttinnen eine bestimmte Personengruppe unter ihren bevorzugten Schutz und Schirm nahmen: die Frauen. Dabei beschützten sie deren ganzes Leben und den Lebenskreis von jungen Jahren bis zum greisen-weisen Alter. Ihrerseits verehrten die Frauen intensiv 'ihre' Göttinnen. Eine 'Frauenversammlung' auf einem in Bonn gefundenen Matronenrelief macht sehr deutlich, daß Matronenkult vorwiegend Frauenkult war.

Die Matronen künden bis heute von Macht, Würde und Weisheit. Gemeinsam auf ihrer Bank thronend, demonstrieren sie durch ihr äußeres Bild eine innere Solidarität. Vielleicht ist diese Solidarität die göttliche Botschaft an die heutigen Frauen. Eine einzelne Frau kann stark sein, aber drei Frauen gemeinsam können mächtig sein. Ein Sprichwort aus Indien hat eine dementsprechende alte Weisheit bewahrt:

Wenn drei Frauen sich zusammentun,
sieht man die Sterne am lichten Tage.

Quellenangaben: Teil I

1 Sophie Lange: Küche, Kinder, Kirche, Aachen 1992, Seite 66

2 Pubblius Cornelius Tacitus: Germania, Übersetzung: Dr. Wilhelm Harendza, 8. Kapitel, Seite 17

3 Christoph B. Rüger: Beobachtungen zu den epigraphischen Belegen der Muttergottheiten, in: Matronen und verwandte Gottheiten, Köln 1987, Seite 24

4 Harald von Petrikovits: Zusammenfassende Bemerkungen, in: Matronen und verwandte Gottheiten, Seite 246

5 Vgl. Ernst Bickel: Die Matronenhaube am Niederrhein als Fruchtbarkeitszeremonial im Vegetationskult, in: Bonner Jahrbücher, (BJ) 143/144, 1939, Seite 219

6 Vgl. Lothar Hahl: Zur Erklärung der niedergemanischen Matronendenkmäler, in: BJ 160, 1960, Seite 9 - 49

7 Annette Kuhn: 2000 Jahre Bonn zu Ehren der aufanischen Matronen - ein feministischer Geburstagswunsch, in: Die Bonnerinnen, Bonn 1988, Seite 23

8 Myrionyma Prima: Nur ein paar olle Steine..., Manuskript, o. J., Seite 6

9 Christa Mulack: Maria. Die geheime Göttin im Christentum, Zürich 1985, Seite 171

10 Dierk Wortmann: Ein Pinienzapfen aus einem Bleisarg von Lommersum-Bodenheim, Kreis Euskirchen, in: BJ 170, 1970, Seite 264

11 Sylvia und P. Botheroyd: Lexikon der keltischen Mythologie, München 1992, Seite 227

12 Lexikon: Germanische und keltische Mythologie, Freiburg 1982, Seite 108

13 Jutta Voss: Das Schwarzmond-Tabu, Zürich 1988, Seite 233

14 Günter Neumann: Die germanischen Matronen-Beinamen, in: Matronen und verwandte Gottheiten, Köln 1987, Seite 103

15 Dr.Walter Kaemmerer: Zur Religionsgeschichte des Kreises Schleiden, in: Heimatkalender Kreis Schleiden 1956, Seite 44

16 Mathias Zender: Die Matronen und ihre Nachfolgerinnen im Rheinlande, in: Rheinische Vierteljahresblätter, Bonn 1940, Seite 166

17 Wolfgang Heiligendorff: Der keltische Matronenkultus und seine 'Fortentwicklung' im deutschen Mythos, in: Form und Geist, Leipzig 1934, Seite 55

18 Vgl. H. Kaminski: Die Götter des Landes Vestfalen, Freiburg 1988

19 Mathias Zender: Die Verehrung von drei heiligen Frauen im christlichen Mitteleuropa, in: Matronen und verwandte Gottheiten, Köln 1987, Seite 227

20 Heinrich Hoffmann: Zur Volkskunde des Jülicher Landes,
1. Teil: Sagen aus dem Rurgebiet, Eschweiler 1911
2. Teil: Sagen aus dem Indegebiet, Eschweiler 1914
Gottfried Henßen: Sagen, Märchen und Schwänke des Jülicher Landes, aus dem Nachlaß Heinrich Hoffmanns, Bonn 1955

21 Franz Peter Kürten: Volksleben und Lande am Rhein, Köln 1974, Band IV, Seite 125

22 A. Kurs: Sagen und Legendenbuch, Köln 1881
23 Sophie Lange: Göttliche Matronen, heilende Marien und sagenhafte Juffern, in: Schriftenreihe des Eschweiler Geschichtsvereins, Eschweiler 12/1991, Seite 35
24 Dr. Franz Cramer: Römischer Matronenkultus im Spiegel der Volksüberlieferung, in: Eifelkalender 1936, Seite 29
25 H. Roggendorf: Mechernich, Altes und Neues zur Heimat- und Pfarrgeschichte, Köln 1929, Seite 123
26 Karl Guthausen: Sagen und Legenden aus Eifel und Ardennen, Band 2, Aachen 1994, Seite 170 n. W. Ruland
27 M. Cremer: Was sich die Leute an der Erft erzählen, in: Erftbote 1951, Seite 74-76
28 Lancelot Lengyel: Das geheime Wissen der Kelten, Freiburg 1976, Seite 78

Weitere benutzte Literatur (Auszug):

Harald v. Petrikovits: Das römische Rheinland, Archäologische Forschungen seit 1945, Köln 1960
Monica Sjöö, Barbara Mor: Wiederkehr der Göttin, Braunschweig 1985
Barbara G. Walker: Die Weise Alte, München 1986
Heinz Günter Horn, Hrsg.: Die Römer in Nordrhein-Westfalen, Stuttgart 1987
Hans Biedermann: Die großen Mütter, München 1989
Paul und Sylvia Botheroyd: Deutschland. Auf den Spuren der Kelten, München 1989
Gisela Bleibtreu-Ehrenberg: Vom Schmetterling zur Doppelaxt, Frankfurt 1990
Herder Lexikon: Symbole, Freiburg 1990
Jean Markale: Die keltische Frau, München 1990
Gerda Weiler: Ich brauche die Göttin, Basel 1990
Ingeborg Clarus: Keltische Mythen, Olten 1991
Karlheinz Weißmann: Druiden, Goden, Weise Frauen, Freiburg 1991
Wolfgang Bauer, Irmtraud Dümotz, Sergius Golowin: Lexikon der Symbole, München 1992
Germaine Haas: Symbolik und Magie in der Urgeschichte, Bern 1992
Annette Kuhn, Hrsg.: Die Chronik der Frauen, Dortmund 1992
Adele Getty: Göttin. Mutter des Lebens, München 1993
Franz Anton Paßmann: Das Schicksal der Muttergöttinnen, Siegburg 1994

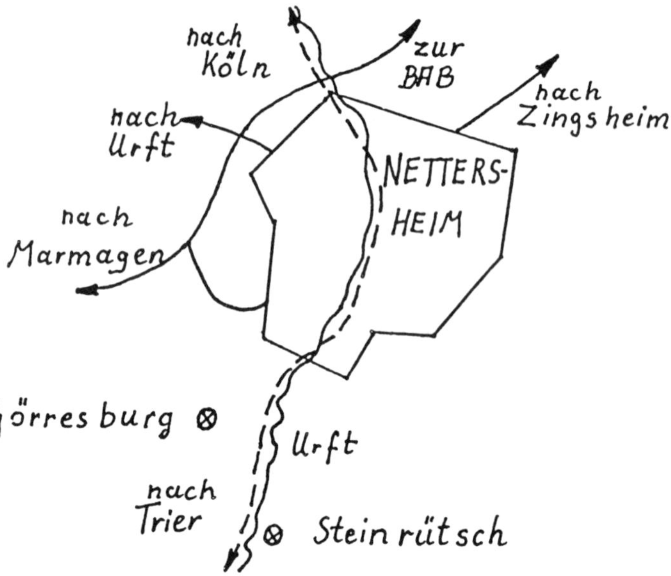

Die Lage des Matronentempels 'Görresburg' bei Nettersheim

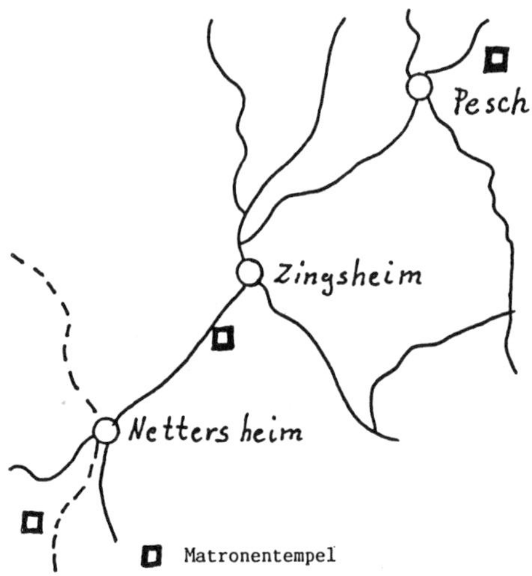

(x) Drei Matronentempel auf einer Luftlinie, die weiter in Richtung Bonn führt

TEIL II

Matronentempel und Fundstellen von Weihesteinen

Obwohl im Rheinland zahlreiche Matronensteine gefunden wurden, waren bis nach 1900 Reste von Tempeln und Hinweise auf Matronenheiligtümer so selten, daß angenommen werden mußte, die Denkmäler hätten ausschließlich auf privatem Grund und Boden gestanden. Tempelbezirke, die den Matronen geweiht waren, hielt man für unwahrscheinlich. Die Auffindung der Tempel in Nettersheim und in Pesch revidierte diese Ansicht grundlegend. Das Heiligtum in Nettersheim ist der einzige, im ursprünglichen Grundriß erhaltene Tempel, der ausschließlich den Matronen geweiht war. Er verdient daher besondere Beachtung und Beschreibung.

Das Heiligtum der Matronae Aufaniae bei Nettersheim

Der Matronen-Kultplatz mit der Flurbezeichnung Görresburg bei Nettersheim zieht viele Menschen an. Unter Zeitdruck stehende Touristen überfliegen die Informationstafel, betreten den Platz (von hinten), schießen ein paar Fotos und haken den gallo-römischen Tempelbezirk auf ihrer langen Liste der Sehenswürdigkeiten ab. Auch der kilometerhungrige Wanderer verläßt mit einem 'Nur ein paar Mauern' sehr bald wieder den teilrestaurierten Tempelbezirk.

Wer sich jedoch Zeit nimmt, der wird manche Merk- und Sehenswürdigkeit im Tempel und dessen 'Bannkreis' entdecken. Der heimatkundlich oder geschichtlich Interessierte, der sich intensiv mit der Matronenverehrung beschäftigt, findet ein vielfältiges Forschungsfeld auf der Görresburg. Der

Naturfreund entdeckt die Schönheiten dieses Fleckchen Erde, genießt den Blick über die Täler, beobachtet fasziniert das Licht-Schatten-Spiel von Sonne und Wolken auf den Wiesen, lauscht dem Lied des Windes und dem Gesang der Vögel, riecht die Frische des Grases und der Erde und erahnt die Allkraft der Mutter Natur.
Die Görresburg ist aber auch Ziel von Menschen, die auf der Suche nach heilig-heilenden Plätzen sind und -im Gegensatz zu energie-konsumierenden 'Kraftort-Touristen'- sehr einfühlsam mit den Kräften der Erde umgehen. Frauen entdecken auf dem geschichtsträchtigen Kultplatz alte Frauenmacht und neue Frauenkraft. Wer sich Muße nimmt für eine meditative Betrachtung der Matronen-Bildnisse, wird von der steinernen Gelassenheit der drei thronenden Göttinnen eingefangen. Wer sich auf die Erdkraft des Ortes einläßt und das 'Reich' der Matronen ganzheitlich erfaßt, spürt etwas von der uralten Magie und kommt zu Bewertungen folgender Art: Eine typische Kult-Gegend, eine heilige Landschaft, ein Stück Irland, ein keltisches Paradies, Eiflia magica.

Die Ent-deckung

Im Jahre 1907 wurden auf der Flur mit dem Namen Görresburg Mauerreste entdeckt. Folgendes ist darüber überliefert: "Leute von hier hatten in irgendeiner Chronik gelesen, daß auf der Görresburg Altertümlichkeiten zu finden seien. Es bildeten sich nun zwei Parteien, die auf eigener Faust Nachgrabungen hielten. Dabei stießen sie tatsächlich auf Mauerreste. Jetzt wurde mit Verzweiflung gegraben..."[1]
Der Nettersheimer Heimatforscher Friedrich Jakob Schruff (1913-1987) erzählte über die Auffindung des Matronentempels folgendes: "Ein Bauer aus Nettersheim fand eines Tages ein Dokument, auf dem geschrieben stand, daß auf der Görresburg Altertümer zu finden seien. Als er nun losgrub, stieß er tatsächlich auf Ruinen, dessen Steine er nach Hause schleppte, um damit einen Anbau zu beginnen. Schon bald stellten sich andere Bauwillige ein. Im

Jahre 1909 stießen zwei Männer auf einen großen Stein, der Bildnisse und Schriften zeigte. Die beiden Männer gerieten in Streit, wem der schöne Stein gehören sollte. Der Disput endete damit, daß beide voller Zorn den Stein zerschlugen. Einer der beiden Männer hat dann dem Pfarrer den unchristlichen Streit im Beichtstuhl zugeflüstert. Dieser war zwar zunächst entsetzt, was da 'Heidnisches' aus grauer Vorzeit ans Tageslicht gekommen war, brachte aber dann umgehend den Stein ins Rollen und meldete den Fund dem Provinzialmuseum in Bonn. Der Stein des Anstoßes entpuppte sich als Matronen-Weihestein."

Aufhorchen lassen in diesen beiden mündlichen Berichten die Erwähnungen 'Dokument' und 'irgendeine Chronik'. Leider sind diese Schriftstücke nie aufgetaucht. Sie können jedoch ein Hinweis auf eine frühere Entdeckung von Ruinen sein, die schriftlich festgehalten wurde. Der Fund ist dann vielleicht falsch beurteilt worden, denn der Name Görresb-u-rg deutet darauf hin, daß die Finder eine Burg vermuteten. Auf der Tranchotkarte, die von französischen Geographen (1809) erstellt wurde, ist eindeutig Görresb-e-rg zu lesen. In Unterlagen von 1869 heißt es schon Görresb-u-rg. Leider ist eine Urkunde des Klosters Steinfeld von 1649, die den Flurnamen Görresberg oder Görresburg enthielt durch einen Wasserschaden zu Ende des Zweiten Weltkrieges im Landeshauptarchiv Koblenz unlesbar geworden. In einer Besprechung dieser Urkunde von 1941 heißt es allerdings Jörresb-u-rg.[2] Vom Ursprung her stammen beide Begriffe, sowohl Berg als Burg, von der indogermanischen Wurzel beregh=hoch, erhaben.

Der Matronenforscher Franz Cramer wußte 1914 von der mündlichen Überlieferung eines Heidentempels: "Da, wo die Urft, ein Zufluß der (zur Maas gehörenden) Rur, etwas oberhalb des heutigen Dorfes Nettersheim von links her einen kleinen Bach, den Schleifbach, aufnimmt, erhebt sich zwischen den beiden Tälern ein scharf geschnittener Bergvorsprung, die Görresburg, vom Volksmund auch Heidentempel genannt. Die altüberkommene, im Volksmunde weiterlebende Überlieferung von einer heidnischen Anlage sollte sich überraschend bestätigen."[3]

Aber auch von einer ehemaligen Burg war die Rede. Josef Hagen, Assistent bei der Ausgrabung, der sich später einen Namen durch seine Nachforschungen über die Römerstraßen machte, schrieb: "Neben der Bezeichnung Görresburg, die auf einen mit fabelhaften Reichtümern dort begrabenen Ritter zurückgehen soll, hat sich eine andere landläufige Benennung der Stätte als richtig erwiesen: Heidentempel heißt es noch jetzt im Volksmund, und der ausgegrabene heidnische Tempel hat die Richtigkeit der Jahrhunderte alten Tradition bestätigt."[4]

Vielleicht birgt auch die Erzählung von einem Grab einen wahren Kern. Es muß ja nicht unbedingt ein Ritter gewesen sein, sondern es könnte auch ein römischer Feldherr oder sogar ein keltischer Fürst, Druide oder eine Priesterin hier die letzte Ruhe gefunden haben. Mancher kleine 'Feldherrenhügel' in unmittelbarer Nähe der Görresburg hat schon Spekulationen in diese Richtung gelenkt.

Der Lehrer, Bergbeamte und Altertumsforscher C. A. Eick (1868 in Mechernich gestorben) gab allerdings in seinem Buch über den Römerkanal (1867) keinen Hinweis auf einen mutmaßlichen Heidentempel, obwohl er das Gebiet um Nettersheim sehr intensiv nach römischen Spuren absuchte und den Römerkanal und Römerstraßen erforschte.[5] Heute ist der Name 'Heidentempel' für die Görresburg nicht bekannt.

Die beiden unterschiedlichen Überlieferungen drücken sich auch in der Deutung des Namens Görresburg aus. Einerseits wird die Bezeichnung von dem Vornamen Jörres (Georg) abgeleitet, andererseits als Gottesberg, 'Godesberg', gesehen, da in der Sprachentwicklung inlautendes d in r übergehen kann. Aber auch als 'Godenberg' (Sylvia Botheroyd) wird Görresburg übersetzt, womit ein Bezug zu der Version Tochter, leibliche und geistige Mutter (Gode, Patin) gegeben wäre. (Sowohl eine Ableitung von 'Georg' als auch von 'Gode' deuten auf matriarchales Erbe).

Ausgrabung und Funde

Nachdem die Entdeckung nach Bonn gemeldet worden war, reagierte man dort sofort; die gefundenen Matronensteine wurden erworben und die Ausgrabung der Anlage von Anfang Juni bis Mitte Juli 1909 durchgeführt. Vier Matronensteine hatten die Bauern bereits freigelegt, als die offizielle Ausgrabung begann. Über das Streitobjekt schrieb der Ausgrabungsleiter Dr. Hans Lehner, Direktor des Provinzialmuseums (später Landesmuseum) Bonn, im Ausgrabungsbericht von 1910: "Dieses Monument, aus weißlichem Sandstein bestehend, muß so ziemlich das besterhaltene gewesen sein, aber leider ist ihm am übelsten mitgespielt worden. Die Finder konnten sich nämlich nicht über das Eigentumsrecht (auf welches in Wirklichkeit natürlich keiner einen vollen Anspruch hatte) einigen und ließen ihren Zorn an dem Denkmal aus, indem sie es kurz und klein schlugen und die Trümmer als Wurfgeschosse bei der Schlichtung ihrer Meinungsverschiedenheit benutzten. Glücklicherweise aber hatte der Intelligenteste die Inschrift vorher abgeschrieben und dank der ausgezeichneten Klarheit der Buchstaben ist die Abschrift so korrekt, daß sie ohne weiteres benutzt werden konnte. Nachträglich fanden sich dann noch einige traurige Trümmer des Denkmals zusammen, welche die Richtigkeit der Buchstabenverteilung der Abschrift vollständig bestätigten."[6]

Der Stein war von dem Beneficiarier Marcus Massonius Vitalis zu Ehren der aufanischen Göttinnen im Jahre 218 aufgestellt worden. Es konnten nur noch die Beine der linken Matrone bis zum Knie erkannt werden. Auf der linken Schmalseite war ein Pflanzenornament zu sehen, darüber eine bekleidete, stehende, weibliche Gestalt. (Im Verzeichnis von H. Lehner: Die antiken Steindenkmäler des Provinzialmuseums in Bonn, 1918, unter Nr. 281 aufgeführt. Matronensteine dieses Verzeichnisses sind nachfolgend im Text mit 'Lehner Nr....' gekennzeichnet.)

Ein weiterer Stein, den aufanischen Matronen von einem Beneficiarier namens C. Lucretius Statius gestiftet, wurde von den Bauern 'aus Unachtsam-

keit' beschädigt (Lehner Nr. 280). Ein Abguß dieses Altarsteins ist im Tempelbezirk aufgestellt (mittlerer Stein). Im Ausgrabungsbericht ist er folgendermaßen beschrieben: "Oben sitzen die drei Matronen auf gemeinsamer Bank in einem Tempelchen, von dem nur noch die flankierenden Pfeiler teilweise erhalten sind. Die mittelste mit einer großen Blume in der erhobenen rechten und einem sehr beschädigten Kästchen(?) in der linken Hand auf dem Schoß. Die linke Matrone hält ein Kästchen oder Körbchen; die rechte hält mit der rechten Hand ein trommelförmiges Kästchen auf dem Schoß, die linke Hand hält sie mit einem undeutlichen Gegenstand vor die Brust. Ihr Kopf ist verloren. Alle drei tragen keltische Halsreifen. Auf der linken Schmalseite eine ganz nackte weibliche Figur (Venus), neben ihr ein undeutlicher Gegenstand, hinter ihr eine Draperie. Auf der rechten Schmalseite eine nackte, sehr bestoßene Figur mit Keule(?), also wohl Herkules." Die genannte Draperie wurde 1977 als Mantel gedeutet, den die Venus "hinter ihrem Rücken mit gesenkter Rechten und erhobener Linken ausbreitet."[7] Die Darstellung von Venus und Herkules kann eine Referenz an diese römischen Gottheiten sein, kann aber auch auf den Sternenhimmel hinweisen. Besonders die Venus wurde als Morgenstern sehr beachtet.
Die Bauern fanden 1909 einen weiteren gut erhaltenen, von M. Petronius Patroclus gestifteten Weihestein, von dem ebenfalls ein Abguß heute auf der Görresburg steht, linker Stein vom Betrachter aus (Lehner Nr. 283). Die Beschreibung (1918): "Oben eine Ädikula, auf deren Giebeldach zwei Voluten und eine Birne sind... Im Innern sitzen auf einer Bank mit hoher Rücken- und Seitenlehne die drei Matronen in der üblichen Tracht mit dem auf der Brust geschlossenen, unten offenen Mänteln und anscheinend mit Halsreifen geschmückt. Die linke hält ein Körbchen mit Früchten, die mittlere (ohne Haube) ein viereckiges Kästchen, die rechte zwei große kugelige Früchte (Kürbisse?) auf dem Schoß. Auf den Schmalseiten links: Füllhorn mit Pinienzapfen, zwei Birnen und noch zwei Früchten; rechts: dreifüßiges Tischchen mit zwei einhenkligen Kannen, dazwischen ein Schweinskopf auf einer Schale, darüber eine Girlande mit Vogel."[8] Den großen Vogel auf der linken Schmalseite nennt Lehner nur 1910 im Ausgrabungsbericht (unten ein Vo-

gel). Es handelt sich um einen Kranich, den Künder von Frühling und Herbst.
Bei der offiziellen Ausgrabung durch das damalige Provinzialmuseum wurde der Matronenstein, der heute auf der Görresburg in einer Kopie rechts vom Betrachter aufgestellt ist, freigelegt (Lehner Nr. 278). Durch seine geschützte Lage war auch dieser Weihestein in Bild und Schrift überaus gut erhalten: "Der Stein lag mit der Bild- und Schriftseite nach unten, und zwar mit dem oberen Teil auf der Mauer. In der Ädikula, welche mit Pfeilern flankiert ist und deren Giebeldach eine eigentümliche muschelrandartige Verzierung aufweist, sitzen auf gemeinsamer Bank die drei Göttinnen in dem üblichen Kostüm, die beiden äußeren mit turbanartiger Kopfbedeckung, die mittelste mit wallenden Haaren, alle drei mit Halsreifen, an denen halbmondförmige Anhängsel hängen, geschmückt und mit Fruchtkörben auf dem Schoß. Oben auf dem Dach bemerkt man noch den Rest einer Birne."
Ein weiterer Weihestein wurde in sechs Fragmenten gefunden. In einem kreisrunden Medaillon waren die fast ganz zerstörten Brustbilder der Göttinnen zu vermuten (Lehner Nr. 285). Zusätzlich wurde ein Unterteil eines Weihesteins sowie 14 Teile einer großen Inschriftentafel mit einer Weiheinschrift sichergestellt. Zahlreiche kleine Bruchstücke, die oftmals nur einige Buchstaben zeigten, wiesen auf weitere Matronensteine hin. Wenn man jedes größere Fragment für einen vollständigen Weihestein ansieht, so kommt man -wie es auf der Informationstafel an der Görresburg steht- auf ca. 40 Matronensteine (Lehner Nr. 277-312).
Erwähnt sei noch der Aufanienstein eines Beneficiariers, der bereits 1891 als Wandung eines fränkischen Grabes in Nettersheim (Steinfelderstraße) gefunden worden war.[9] Erst nach der Freilegung des Matronentempels konnte man diesen in Zweitverwendung gefundenen Weihestein richtig einordnen.
Alle Matronen der Nettersheimer Steine tragen die übliche ubische Festtagstracht und die unterschiedliche Kopfbedeckung. Keltische Halsreifen und Halsketten mit Mondsichelanhängern sind zu erkennen. Als Opfergaben sind viermal eine einzelne Birne, einmal zwei Birnen und einmal fünf Birnen abgebildet. Sechsmal ist ein Baum zu finden, zusätzlich zweimal ein Blatt

und zweimal Zweige. Ein Füllhorn ist mit zwei Granatäpfeln, zwei Birnen und einem Pinienzapfen gefüllt (Tafel VII, oben rechts).
Bei der Ausgrabung auf der Görresburg wurden zahlreiche römische Münzen gefunden, die eine Nutzung des Tempels bis ins 4. Jahrhundert vermuten lassen. Außerdem stieß man auf das Bruchstück einer toskanischen Säule, auf Scherben (Sigilata) und Teilstücke, die folgende Gegenstände erkennen ließen: Weißkrüge und Kannen, weiß- und rottoniges farbüberzogenes Trinkgeschirr, rauhwandige Töpfe und tiefe Schüsseln, Näpfe und steilwandige Teller sowie Reibschüsseln. Zwei Terrakottafragmente ließen auf kleine Matronen-Votivgaben schließen. Weitere Kleinfunde waren: Rand von einem Faß, Eisensachen, eine Eisenschaufel, ein Hufschuh, eine Schelle, drei Schiebenschlüssel, mehrere Lanzenspitzen, Beschlagbänder, viele Nägel, vier Beinnadeln, Glasfragmente, Geweihzinken, Zähne und Knochen.
Von den zahlreichen Funden aus der Römerzeit im Nettersheimer Gebiet seien noch zwei Brandgräber erwähnt, auf die man 1937 südlich der Görresburg gestoßen war.[10] Der Fund wird in das 1. und 2. Jahrhundert datiert, eine Zeit, in der die Römer ihre Toten außerhalb einer Siedlung begruben.
In der 'Steinrütsch', an der Urft am Fuße des Görresburg-Hügels, wurde seit 1870 mehrmals antikes Mauerwerk angeschnitten. Es wurden verschiedene Funde gemacht, die auf eine unterschiedliche Nutzung des Platzes hinweisen: Sandsteinblöcke, Halbsäulen, ein Meilenstein und Eisenschlacke. Bei der Sicherung des Platzes fand man 1976 mehr als 700 römische Münzen aus der Zeit vom 1. bis 4. Jahrhundert, die an einen Opferstock denken ließen.
Einen weiteren Fund machte man 1979 auf einem Feld südlich der Görresburg (Auf der alten Gasse). Es handelt sich um ein Relief des Matronen-Kultgefährten Merkur, dessen Attribut, der Caduceus, deutlich zu erkennen ist. Der Stein dürfte aus der zweiten Hälfte des 2. Jahrhunderts n. Chr. stammen.[11]
In Nettersheim wird auch heute noch spekuliert, ob vor der offiziellen Ausgrabung einige Funde von 'Raubgräbern' verscherbelt worden sind. Gefundene 'Schätze' wurden an gut zahlende Kunden verkauft, wozu auch Museen gehörten. So wurden wertvolle archäologische Funde in alle Winde zerstreut.

Der Aufanienkult

Alle Inschriften in Nettersheim bezeugen eine Weihung an die aufanischen Matronen. Meistens sind die Göttinnen als Matronis Aufaniabus tituliert, zweimal als Deabus Aufanis (aufanische Göttinnen), einmal nur als Aufanis. Auf dem zerschlagenen Stein steht in abgekürzter Form *in honorem domus divinae Deabus Aufanis* (zu Ehren der heimischen, verehrungswürdigen aufanischen Göttinnen). Eine ähnliche Bezeichnung ist auf dem in Zweitverwendung als Grabwandung entdeckten Stein ergänzbar: *In honorem domus divinae sanctissimis Matronis.*

Vor 1909 hatte man bereits an neun verschiedenen Fundstellen 13 Weihesteine als Aufaniensteine erkannt: Bonn 2, Rheder bei Euskirchen 1, Köln 2, Haus Bürgel bei Düsseldorf 1, Nimwegen in den Niederlanden 1, Mainz 1, Lyon in Südfrankreich 1, Carmona in Spanien 1, Zülpich 3 (Der dem Ort Kommern bei Mechernich zugeordnete Aufanienstein gehört zu Zülpich, gefunden am Zülpicher Münstertor an der Straße nach Kommern.) Inzwischen ist der Matronenbeiname Aufania fast 70 mal belegt (hauptsächlich Bonn und Nettersheim, zusätzlich Xanten). Die Fundstellen dokumentieren eine Verehrung am Rhein und in der Voreifel, also im ehemaligen Ubierland. Von den Einzelfunden im Ausland nimmt man an, daß Legionäre keltischer oder germanischer Abstammung im fernen Land ihren heimischen Gottheiten 'als Erinnerung an die Heimat' einen Altar widmeten.

Bis 1909 hatte man den Zülpicher Raum aufgrund der gefundenen Matronensteine als Zentrum des Aufanienkultes in Betracht gezogen. Nach der Entdeckung des Aufanientempels auf der Görresburg sah man Nettersheim als die 'Kultheimat der Matronae Aufaniae'. Das änderte sich wiederum, als im Jahr 1929 in Bonn Aufaniensteine entdeckt wurden. Unter dem Bonner Münster, wo bereits 1873 ein Votivstein gefunden worden war, kamen 70 römische Steindenkmäler ans Tageslicht, darunter 36 Aufaniensteine "in seltener Schärfe und Klarheit der Schrift und des Bilderschmuckes."[12]

Einige Reste wie Rundbögen, Pilaster und Gesimse gaben Hinweise auf

einen römischen Tempel an der Stelle oder in unmittelbarer Nähe des jetzigen Münsters. Die Grundrisse konnten indes nicht mehr festgestellt werden. Nach den neuen Funden von Bonn nahm Lehner an, daß der Aufanienkult nicht in Nettersheim, sondern in Bonn sein 'hochangesehenes Aufanienzentrum' gehabt hatte. Als Beweis für das kultische Aufanienzentrum in Bonn wurde die Errichtung des Matronentempels von 161 n. Chr. und der Vettius-Stein von 164 gesehen.
Brachten römische Soldaten den Aufanienkult nun von Bonn in die Eifel und nutzten dort einen alten heiligen Kultplatz? Oder brachten die Beneficiarier die aufanischen Matronen von der Eifel nach Bonn, wo dann die Steinsetzung ihren Anfang nahm? Zeigt der Vettius-Stein aus Bonn auch recht städtische Damen, so sind die meisten Matronen eher ländlich dargestellt, so daß eine bäuerliche Abstammung aus der keltischen und germanischen Vorstellungswelt angenommen werden kann.
Daß der Aufanienkult aus vorrömischer Zeit herrührt, war für Lehner selbstverständlich. Der ansonsten so sachlich berichtende Archäologe geriet ins Schwärmen, als er 1910 im Ausgrabungsbericht darauf einging: "Und was sich bis dahin schüchtern unter dem farblosen Begriff des *genius loci* verbarg, das tritt nun sieghaft an die Öffentlichkeit mit wahrem Namen: Die barbarischen Ortsgottheiten, zu denen die einheimische Bevölkerung zu beten niemals aufgehört hatte, sie erscheinen nun auf den amtlichen Weihedenkmälern der römischen Straßenaufsichtsbeamten; die Beneficarii consularis stellen ihre Altäre im Heiligtum der Ortsgöttin auf."
Die Bonner Geschichtsprofessorin Dr. Annette Kuhn schrieb über die Ursprünge des Bonner Aufanienkults folgendes: "Wir gehen von der These aus, daß die Verehrung der aufanischen Matronen in Bonn auf ältere matriarchale Traditionen hindeutet, die in Bonn zur Zeit der römischen Besetzung fortwirkten und die bei der Ausübung der unterschiedlichen Göttinnenkulte in Bonn, zu denken ist auch die Verehrung der Isis und der Kybele im zweiten nachchristlichen Jahrhundert in Bonn, ihren Ausdruck fanden."[13]
Der Matronen-Beiname Aufania (wahrscheinlich a-u-fania ausgesprochen) ist germanischen Ursprungs und wird sowohl als topischer als auch das

Wesen der Göttinnen beschreibender Name angesehen. Von den vielen Deutungen seien nur einige genannt: Ahnfrauen, Glück spinnende, freigebige Ahnmütter, Überflußgebende. Außerdem wurden die aufanischen Matronen als Frühlingsgöttinnen -Öffnende- gesehen. Franz Cramer deutete 1913 die Aufania als die Emporbringenden und Aufnehmenden und ergänzte: "Es sind also gute Geister, die den Gedrückten aufrichten, die Hoffnung beleben, den Vertrauenden emporheben und ihm Erfüllung bringen."[14]

Etymologische Forschung fand folgende Erklärung für Aufania: "Ähnlich (wie Afliae) lassen sich die berühmten Aufaniae als 'die Hohen' oder 'die Erhabenen' deuten (unter Berücksichtigung der Ablautreihe iu (eu) -au- u, in Verbindung mit ags. ufan, ofan, ahd. obana 'oben, hochgelegen')...[15]

Hingewiesen sei auch auf das keltisch-romanische Wort *"aufere* für opfern, lat: aufero, auferre = forttragen, wegnehmen. Mit der Opferung gibt man ein Gut weg, man schenkt es den Göttern, dem Gott."[16] Die Aufania könnte also die Gottheit sein, der man Opfer bringen muß und die diese Gaben weg- bzw. annimmt und fortträgt.

Als topischer Name wird Aufania von au-fanja abgeleitet und mit 'abgelegenes Fenn' (Moor) übersetzt. Es ergäbe sich somit eine Wortverbindung zum Venn der Eifel und zum Venusberg in Bonn.[17]

Der Name wird aber auch als Variation zu dem Namen der Erdgöttin Ambede aus der christlichen Trinität Ambede-Worbede-Wilbede gesehen. Mit der Mondgöttin Wilbede wird der Matronenbeiname Fachinehae (s. Zingsheim) in Verbindung gebracht.

Bei Deutung solcher Art könnten die Matronen-Beinamen besondere Schwerpunkte der Verehrung der Göttinnen signalisieren und Hinweise auf die Sonnen- und Mondausrichtung ihrer Kultplätze geben. Die Silbe Fa in Aufania kann bereits auf die nachbarlichen, fachinehischen Matronen aufmerksam machen.

Die Beneficiarier und die Bonner Legion

Soweit die Inschriften zu entziffern sind, fungierten in Nettersheim als Stifter ausschließlich Beneficiarier (lat. bene=gut, facere=machen) Lehner erklärte den Stand dieser Legionäre wie folgt (1918): "Beneficiarier sind Soldaten, welche durch einen höheren Offizier von gewissen Diensten befreit sind (Gefreite)... Sie wurden, namentlich in späterer Kaiserzeit, als eine Art Landgendarmen zum Aufsichtsdienst über den Straßenverkehr und dergleichen verwendet, weshalb sie häufig an wichtigeren Straßenkreuzungen stationiert waren." In einer Fußnote ergänzt Lehner: "Die Funktionen der Beneficiarii waren sehr mannigfaltiger Art." In weiteren Berichten werden die Beneficiarier als 'Legionäre in gehobener Stellung', die Wache bei ihren Vorgesetzten und andere Ehrendienste zu leisten hatten, sowie als "unterschiedliche Funktionsträger"[18] beschrieben. (Vom Wort her kann *beneficiarii* auch einfach 'Stifter' bedeuten.)

In Nettersheim vermutete man eine Station der Beneficiarier an der 'Steinrütsch' im Urfttal südöstlich der Görresburg. Eine Straßenstation konnte nicht nachgewiesen werden, da -wie im Tempelbereich- weiträumige Ausgrabungen bisher nicht stattgefunden haben. An der 'Steinrütsch' führte zwar eine Römerstraße vorbei, aber es handelte sich nur um einen Nebenstrang. Von einer wichtigen und noch weniger von einer 'wichtigeren' Straßenkreuzung kann nicht die Rede sein. Ein Straßenbeobachtungsposten hätte viel eher in der Nähe von Marmagen/Blankenheimwald eine Berechtigung gehabt, da sich dort die Römerstraße Trier-Köln gabelte. Inzwischen wird die 'rätselhafte Steinrütsch' eher als römischer Werkplatz denn als Straßenstation diagnostiziert.

Wenn die Beneficiarier keine Straßenkreuzung bewachten, dann kann ihr Dienst in der damaligen Siedlung bei Nettersheim nur unter 'dergleichen' zu suchen sein. Es ergibt sich nur eine einzige Möglichkeit: Die Beneficiarier beschützten das Gebiet, in dem sie ihre Visitenkarte in zahlreichen Weihesteinen hinterließen: Das Heiligtum der Matronae Aufaniae. Daß dieser

Dienst wirklich ein Benefizium (eine Auszeichnung, Vergünstigung) war, läßt der Zusatz auf dem links aufgestellten Matronenstein erkennen. Dem Stifter Marcus Pettronius Patroclus war der Vermerk wichtig, daß er nach einer Unterbrechung zum zweitenmal (oder wiederholten Mal) auf Posten war (*iterata statione*). Auf diesen 'Posten' war er anscheinend recht stolz.

Es spricht für die große Beliebtheit und Macht der Matronen, daß die Beneficiarier diesen Göttinnen huldigten: "Für die kulturellen Verhältnisse der niedergehenden Kaiserzeit ist es von hohem Interesse, daß die Beneficiarii, welche sonst dem Jupiter und dem *genius loci* ihre Weihungen darzubringen pflegen, hier sich zum einheimischen Matronenkultus bekennen."[19]

Die Landgendarmerie rekrutierte sich hauptsächlich aus altgedienten und bewährten Soldaten der einheimischen Bevölkerung, seltener wurden Römer zu diesem Dienste herangezogen. Die Stifter der Weihesteine stellen sich zwar als römische Bürger dar, aber ihre Namen entspringen oft der germanischen und keltischen Sprache, wenn diese auch bereits eine Anpassung ans Römische erfahren hatte.

In Bonn stammen von 36 Weihungen 16 von Offizieren und Soldaten der Minerva I, vier davon von dessen Frauen. Auch der Stifter des Aufaniensteins von Köln war ein Legionär der Bonner Minerva. Den Matronenstein in Frankreich hat ein Tribun der Bonner Minerva I anfertigen lassen. Da es in Bonn und Nettersheim Soldaten der gleichen Legion waren, die die aufanischen Göttinnen verehrten, erkannte man nach den Funden von 1929 die "Verkettung Bonns mit dem Hinterlande der Eifel."[20] Es waren nicht nur dieselben Göttinnen und die Soldaten der gleichen Legion, sondern die Weihungen fielen auch in den gleichen Zeitraum. Der älteste Stein von Bonn -und von allen Aufaniensteinen- stammt aus dem Jahr 164 n. Chr.; der jüngste aus dem Jahr 223.[21]

Durch die Nennungen römischer Kaiser, Konsuln oder Statthalter errechnete Lehner für die Nettersheimer Matronensteine folgende Datierungen: Die Zeit 205/208, 212/22 sowie die Jahre 196, 218, 227 und 237. Diese Angaben wurden in späteren Jahren zwar mehrmals revidiert, aber es blieb die Zeit zwischen Ende des zweiten und der Mitte des dritten Jahrhunderts bestehen,

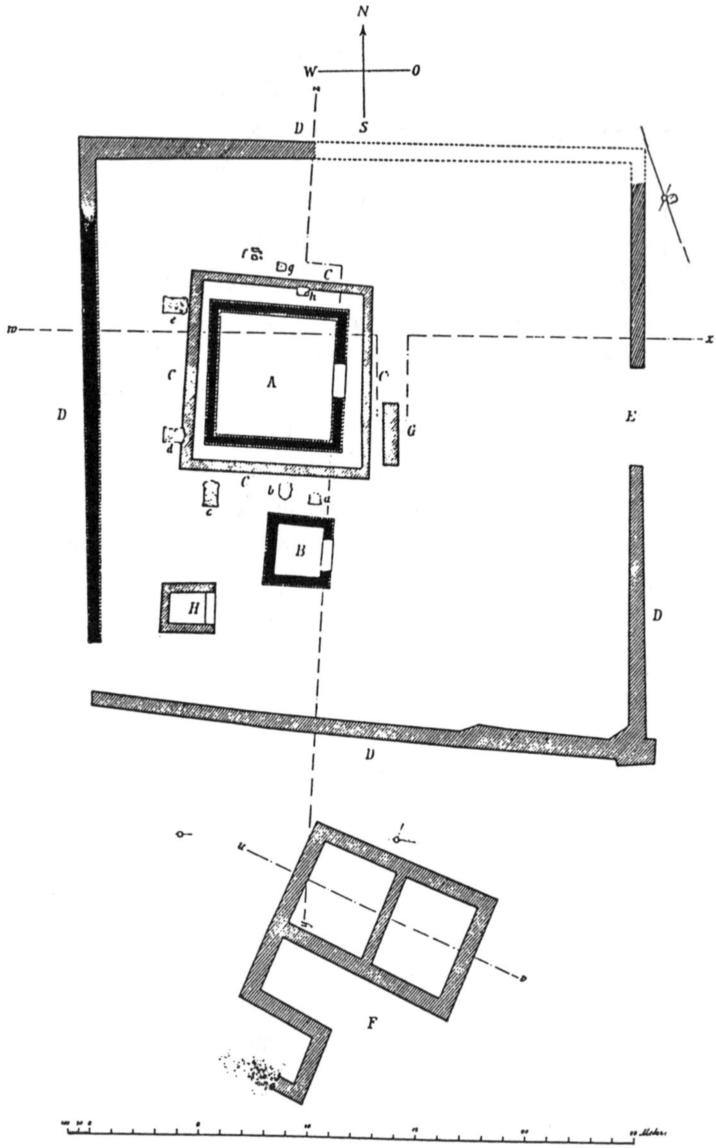

Grundriß des Tempelbezirks von Nettersheim (nach H. Lehner)

also fast der gleichen Zeit wie in Bonn. Diese Datierungen bescheinigen zwar eine Blütezeit des Aufanienkults bei den Legionären sowie eine Steinsetzungs-Hochkonjunktur, sagen aber nichts aus über die Verehrung der Matronen und die Nutzung ihrer Tempel.
In Bonn waren die Stifter der Matronensteine hohe Persönlichkeiten und entstammten Kreisen des höheren Beamtentums und des equestrischen Adels (Reiterstand). Unter den Dedikanten von Bonn finden wir den obersten Befehlshaber sowie einen Legionspräfekten der Bonner Garnison. Aus Köln setzten ein Stadtkämmerer (Vettius) und ein Stadtrat den Matronen einen Weihestein. Im 'Hinterland' nimmt die 'Prominenz' drastisch ab. Aber immerhin war Tiberius Claudius, der auf dem Grundstein eines kleinen Kapellchen von Nettersheim genannt ist, eine bekannter Mann. Es wird ihm eine 'Munzipial- und Provinzialkarriere' zugebilligt. Außerdem wird er als 'religiös außerordentlich aktiv' charakterisiert, denn außer in Nettersheim erscheint er als Stifter eines Aufaniensteins in Bonn, eines Jupiter-Altars in Köln und einer Herkules-Curia in Holzweiler, Kreis Heinsberg.

Die Anlage des Tempelbezirks

Die Ausgrabung auf der Görresburg im Juni und Juli 1909 legte die gesamte Anlage frei. Es zeigte sich, daß der Tempel nicht wie so viele andere römische Verehrungsstätten während der Christianisierung zerstört worden war, sondern daß er im Laufe der Jahrhunderte verfallen war. Als Vorteil erwies es sich außerdem, daß die Franken bei ihrer Landnahme den gallorömischen Vicus nicht übernahmen, sondern eine neue Siedlung im heutigen Ortskern von Nettersheim anlegten. Bis heute blieb das einstige Römerterrain mit dem Tempelbezirk unbebaut.
Nach den Ausgrabungsarbeiten auf der Görresburg hatte man einen uralten Grundriß eines heiligen Raums und einen 'besonders gepflegten Tempel in einer abgelegenen Berglandschaft' vor Augen. Lehner beschrieb 1910 in

seinem Ausgrabungsbericht den Tempelhof wie folgt: “Drei annähernd quadratische einräumige Gebäude A, B, H von geringer Ausdehnung, sämtlich nach Osten geöffnet, stehen in einem ebenfalls quadratischen und ebenso orientierten ummauerten Hofraum D, der auf der Ostseite den Haupteingang E und in der Südwestecke noch ein kleineres Nebenpförtchen hat.”

Der durch die Umfassungsmauer eingefriedete Hofraum erwies sich als ein etwas verschobenes Quadrat. Die Nord- und Südseite waren je 26 Meter lang. Die Ostseite maß 26,90 Meter, die Westseite 24,67 Meter. Die niedrige Hofmauer war recht unterschiedlich erhalten. Aber auch dort, wo sie fast ganz ausgebrochen war (Nordseite und Nordostecke), ließen sich ihre Spuren feststellen. Alle Mauern waren mit nur ganz seichter Fundamentgrube direkt auf den Felsboden gesetzt. Vermutlich war die Mauer mit Quadern abgedeckt. Einsatzlöcher und viele Eisennägel deuteten auf ein Holzgitter hin. An der Südostecke zeigte ein pfeilerartiger Eckvorsprung mit breiteren Fundamentunterlagen und eine teilweise Verstärkung der Südmauer, daß die Mauer an dieser Stelle von einem größeren Pfeiler flankiert gewesen war. An den anderen Ecken gab es keine Hinweise für analoge Pfeiler.
Der Haupteingang befand sich an der Ostseite der Hofmauern, “... nicht in der Mitte dieser Seite, sondern ziemlich genau dem Eingang des Hauptgebäudes A gegenüber. Die Mauer war gerade an dieser Stelle besonders schlecht erhalten, doch ließ sich noch ziemlich sicher feststellen, daß der Eingang 4,40 Meter breit war. Man glaubte dort sogar noch eine leichte Bekiesung des hineinführenden Weges erkennen zu können.”
Neben diesem Haupteingang gab es den schon erwähnten rückwärtigen Durchlaß: “Ganz unzweifelhaft aber hat der Hof noch ein schmaleres Hinterpförtchen von 2,10 Meter Weite an der Südwestecke; die gut erhaltenen Enden der West- und Südmauer zeigen dort nämlich scharfe Mauerköpfe.”
Innerhalb des ummauerten Hofes wurden drei kleine, ‘bescheidene’ Räume, Cellae, freigelegt, die zur gleichen Zeit innerhalb des Temenos (Tempelbezirks) bestanden hatten. Die größte Cella, die als Hauptheiligtum angesehen wurde, war fast genau quadratisch: “Das Mauerwerk ist aus flüchtig zu-

gerichteten Kalkbruchsteinen mit viel Kalkmörtel aufgebaut. Nach der sechsten Schicht von unten folgte eine Durchschußschicht aus zwei Ziegellagen." Diese rote Ausgleichsschicht, gleichzeitig auflockerndes Zierelement, war seit dem Palastbau des Kaisers Hadrian (117-138) auf dem Tivoli bei Rom allgemein üblich geworden und ist auch vom Trierer Kaiserpalast bekannt.

Alle aufgefundenen Matronensteine lagen außerhalb dieser größten Cella, aber wohlbehütet unter Dach und Fach. Dieser sakrale Raum war von einem niedrigen, auch am Eingang nicht unterbrochenem Quadrat umgeben, das auf eine Umfassungsmauer hindeutete, die als Stellfläche für die gestifteten Weihesteine gedient haben mag. Sie war mit großen Deckplattenquader aus Sandstein abgedeckt. Sichtbare Zapfenlöcher können die Basen für Säulen gewesen sein.

Die Cella war mit einem Ziegeldach gedeckt, denn "... die ganze Ziegelmasse samt dem übrigen eingestürzten Mauerschutt lag im Innern des Raumes A, welcher aber sonst nichts enthielt." Von einem vermuteten großen Kultbild gab es keinerlei Spuren, doch von der Vorstellung einer großen Skulptur 'im Haus der Gottheit' mochten die Archäologen sich nicht trennen, und so argumentierten sie, daß das Kultbild entweder vor Aufgabe des Heiligtums entfernt wurde, oder daß es aus vergänglichem Material bestanden hätte (obwohl die Weihealtäre aus Stein waren). Zumindest konnte Lehner sich in seiner Fantasie an ein imaginäres Matronen-Kultmonument erfreuen: "Und wer nun eintreten durfte in die Kapelle, den blickten von der Hinterwand her, auf gemeinsamer Bank thronend, die drei Frauen freundlich entgegen, die, wie Frauen aus dem Volk gekleidet, keine feierliche Würde zu Schau trugen, sondern mit mütterlicher Sorge dem kleinen Mann Haus und Hof, Weib und Kind, Herde und Ernte schützten und seine kleinen Anliegen teilnahmsvoll anhörten."

Gefunden wurde der Grundstein dieses Tempelchen, der den Tempelbezirk als Heiligtum einer Dorfgemeinde auswies. Die 'Stiftungsurkunde' war ein 52 cm breiter, 38 cm hoher und 47 cm dicker Sandsteinwürfel. Er zeigte auf der Vorderseite in Umrahmung auf drei Zeilen die Inschrift Matronis Aufaniabus vicani... (den aufanischen Matronen geweiht von den Dorfbewohnern...). Schade, daß gerade die letzte, nicht durch den Dachvorsprung geschützte Zeile des Bausteins verwittert ist! Diese muß den Namen der nahen Siedlung getragen haben. Spekulationen über den gallo-römischen Ortsnamen nennen Villa Nefres (Nefresheym, 867 schriftlich erwähnt, ab 893 Nettersheym) und Marcomagus, dem einige Kilometer entfernten Marmagen mit dem alten keltischen Namen Marcomagus (Feld des Marcus oder auch Roßfeld übersetzt). Doch auch die alten Namen Urdefa für den Fluß Urft und Gen-ava für den Genfbach werden als Namensgeber in Betracht gezogen.[22] Da das Wort Aufaniabus die Zeilenlänge bestimmt, könnte der gallo-römische Ort -rein hypothetisch- auch Aufaniacum geheißen haben, denn in der Nähe von Nettersheim gibt es aus der römischen Zeit mehrere Ortsnamen mit der Ednung -iacum: Sixtiacum (Sistig), Suetoniacum (Sötenich), Macriniacum (Mechernich), Bassiacum (Pesch), Caldiniacum (Keldenich).

Ein weiterer aufgefundener Grundstein mit dem stückhaften Namen Mat(ronis) Aufa(niabus) Claud(ius) Iu(stus?) wird in der mittleren Cella eingebaut gewesen sein. Diese war kleiner und einfacher als ihre größere Schwester. Sie hatte ebenfalls Quadratform, war wie die große Cella nach Osten geöffnet und hatte eine durchmauerte Schwelle. Man glaubte in diesem Tempelchen das Heiligtum des *genius stationis*, des Schutzgeistes der römischen Station, zu erkennen.

Dem dritten Kapellchen wurde die geringste Bedeutung beigemessen: “Das Gelände H, das kleinste und unansehnlichste, lag etwas weiter nach Südwesten zurück. Es ist wieder von ungefähr quadratischer Grundform und wieder nach Osten orientiert, scheint aber im Aufgehenden nur von drei Mauern flankiert gewesen zu sein, während die ganze Vorderseite offen und nur mit einer durchgemauerten Schwelle versehen war.” So ganz unansehnlich war dieser Raum allerdings nicht, denn: “Die Besonderheit der geradezu winzigen dritten Cella ist ihr Baumaterial. Der eckige, u-förmige Bau ist ausschließlich mit sorgfältig ausgewählten gleichartigen Grauwacken aufgeführt.”[23] Mit diesen Grauwackensteinen wurde 1976 die Rekonstruktion

dieses Tempelchen ausgeführt.
Auf die einstige gallo-römische Siedlung wiesen außerhalb der Tempelanlage Gebäudereste hin. Diese führten hauptsächlich in südliche Richtung und umfaßten die Gemarkung 'Alte Gasse' und das beiderseitige Tal der Urft (Urftaue, Steinrütsch, Wellerberg). In einem trockenen Sommer lassen sich unterirdische Grundmauern am Gras- bzw. Getreidewuchs mit bloßem Auge feststellen. Eifrigste 'Ausgräber' von kleinsten Partikelchen aus der Vergangenheit sind auf den dortigen Wiesen die Maulwürfe und die Mäuse, die mit archäologischer Akribie die Grenzen der Besiedlung kenntlich machen.
Die unmittelbar südlich der Tempelanlage angrenzenden, stark abweichend orientierten Gebäude wurden als zum Vicus gehörend eingeordnet. Nicht der Tempelbezirk, sondern diese Baureste liegen auf dem relativ ebenen Kuppenbereich. Lehner: "Dieses Gebäude kann ein Schatzhaus oder eine Wohnung des Tempelhüters sein."
Aufgedeckt wurde auch ein Hohlweg, der vom Schleifbachtal aus zu der Pilgerstätte führte und heute wieder begehbar ist. Zwei Querschnitte zeigen, daß der Weg in römischer oder vorrömischer Zeit noch erheblich markanter als heute ausgeprägt gewesen sein muß. An der gegenüberliegenden Seite des Schleifbaches kam ein Weg ebenfalls in Form eines Hohlweges von den dortigen Höhen. Dieser Hohlweg ist heute nur noch zu erahnen, vor einigen Jahrzehnten muß er auffälliger gewesen sein: "Jenseits des Schleifbachtales geht eine solche Einsenkung wieder in die Höhe, zu beiden Seiten begrenzt von Ziegeln und Kleinaltertümern."[24]
Nach Abschluß der archäologischen Ausgrabungen auf der Görresburg im Jahre 1909 schüttete man die Reste mit Erde zu und ließ Gras über die Fundstelle wachsen. Das sei das beste Konservierungsmittel, argumentierte das Provinzialmuseum damals. Der örtliche Eifelverein, der den Schutz über die Anlage übernahm, beschwerte sich mehrmals, daß man dem Dorf Nettersheim 'seine Heiligtümer entführt' habe und stellte Anträge an das Provinzialmuseum, den Tempel zu rekonstruieren, doch stets ohne Erfolg. Erst 1976/77 wurde die Anlage im Rahmen eines allgemeinen Strukturverbesserungsprogramms durch das Landesmuseum Bonn in Zusammenarbeit mit der

Gemeinde Nettersheim und dem Landkonservator Rheinland erneut freigelegt und die 'wesentlichen Elemente' rekonstruiert. Die flache Aufmauerung erfolgte entsprechend den Originalbefunden mit Kalkbruchsteinen und Grauwacken, zu dem die in größeren Mengen vorhandenen Originalsteine mitverwendet wurden. Für den roten Ziegelstreifen in der großen Cella wurde eine Kombination von echten römischen Ziegeln und speziell den römischen Vorbildern angeglichee Imitationen verarbeitet. Die Sicherung gegen Witterungseinflüsse erfolgte auf den Mauerzügen durch Abdeckung mit Rasensoden.

Von den drei gut erhaltenen Matronensteinen wurden Kopien als Anschauungsmaterial vor der großen Cella aufgestellt: "Diese können zwar nicht genau den alten Plazierungen entsprechen, tragen jedoch für den Betrachter sicher dazu bei, die Bestimmung der Tempel als heilige Stätten besser zu verstehen"[25] (Tafel II, unten).

Deutung der Anlage

Die stets pragmatischen Römer übernahmen nicht nur die Gottheiten der Einheimischen, sondern mit Gewißheit auch deren Kultplätze, wobei sich allerdings die Frage stellt, ob die DruidInnen, die ihre Religion streng geheim hielten, ihre heiligsten Plätze so offen zeigten, daß Eroberer diese übernehmen konnten. Gerne benutzten die Kelten ein Ablenkungsmanöver, das sie bei den Tieren in der Natur nur zu oft beobachten konnten. Instinktiv locken Tiere von den Nestern ihrer Jungen weg und laufen in die entgegengesetzte Richtung, wenn sie Gefahr wittern. In keltischen Siedlungen gibt es Anzeichen dafür, daß die Menschen an einem bestimmten Platz einen Stein hinstellten und diesen verehrten, um von dem höchsten Heiligtum an einem ganz anderen Platz abzulenken. Der Matronentempel in Nettersheim war sicher ein heiliger und wichtiger Kultplatz; ein geheimes Heiligtum der Druiden war es sicher nicht; dieses dürftete aber in der Nähe gewesen sein.

Die quadratische Form der Anlage kann als typisch für Gallien angesehen werden und bescheinigt einen keltischen Vorläufer, denn die Römer bevorzugten den langgestreckten, rechteckigen Grundriß der hellenisch-römischen Art für ihre Tempelbauten. Die Urbevölkerung und die Kelten verehrten ihre Gottheiten in der freien Natur, friedeten jedoch heilige Kult- und Opferstätten durch Hecken ein. Die Römer übernahmen diese Plätze und bauten sie in Stein aus. Dort, wo einst heilige Bäume standen, errichteten sie oftmals steinerne Kapellen.
Da die Matronen eng mit Bäumen und Obstfrüchten verbunden sind, wären ehemalige Baumheiligtümer für die drei Göttinnen durchaus vorstellbar. In Nettersheim widerspricht die Höhenlage der Görresburg allerdings dieser Vorstellung. Vorwiegend sind es Sträucher und Ginster, die dort wachsen. Bei der Ausgrabung 1909 bestand die Höhenfläche der Görresburg aus 'Ödland, teilweise aus Acker- und Wiesenland'. Jahrzehnte vorher waren dort mehrmals Meliorationsarbeiten zwecks Entsumpfung vorgenommen worden. Viel eher als ein Baumheiligtum ist auf der Görresburg ein Steinplatz vorstellbar, wobei die jeweiligen Stellen, an denen später die Tempelchen errichtet wurden, bei den Urbewohnern, Kelten oder Germanen mit einem besonderen Stein markiert gewesen sein könnten. Waren es vielleicht Riesensteine, Menhire? Immerhin hieß eine Flur jenseits des Schleifbachs noch 1809 'Riesenstein'. Auch kann die Mauerverbreitung in der Südostecke des Tempels einen Menhir als Vorläufer des Pfeilers getragen haben.
Der Tempelbezirk auf der Görresburg ist wie viele Kultplätze und spätere Kirchen genau Ost-West ausgerichtet. Dies war für mich der Anlaß, immer wieder dort Sonnenuntergänge und -nicht ganz so oft- Sonnenaufgänge zu beobachten. Zur Tag- und Nachtgleiche bei Frühling- und Herbstbeginn, wenn die Sonne genau östlich aufgeht, fällt das erste Sonnenlicht in den Tempelbezirk hinein (Tafel III, oben). Einer der abendlichen Tempelbesuche wurde von einem unerwarteten Erfolg gekrönt. Es war ein wunderbarer Sommerabend, und die Sonne ging leuchtend unter, von der Mitte der größeren Cella aus exakt über die West-Nord-Ecke dieses Tempelchen und der Hofmauer. Der Tag: Die Sommersonnwende, also der Sommeranfang, der

längste Tag des Jahres.
Lehner hatte geschrieben, daß er in der großen Cella außer dem Bauschutt nichts gefunden hatte. War dieses verehrungswürdige 'Nichts' die Sonne gewesen? Hatte hier in der vorrömischen Zeit eine unbehauene Steinsäule die Strahlen der untergehenden Sonne aufgefangen? Hatten auch die Römer durch einen Spalt in der West-Nordecke der großen Kapelle das Sonnenlicht am Tag der Sommersonnwende eingefangen und das Ereignis gefeiert? Oder hatte der Pfeiler in der Südostecke die letzten Sonnenstrahlen zu Sommerbeginn aufgefangen? Hatte die Tempelanlage wie viele archaische Kultanlagen (Stonehenge, Externsteine) zur Berechnung des Sonnen- und Mondjahres gedient? Dann wäre die Görresburg ein Sonnen- (und Mond-) Beobachtungsplatz, ein anschaulicher Naturkalender, ein archaisches Observatorium, eine einfache Sonnenuhr!
Folgender Textausschnitt macht Ursprung und Zweck solcher Naturplätze deutlich: "Mit dem Beginn des Ackerbaues ergab sich die Notwendigkeit eines Kalenders, um mit Rücksicht auf den Wechsel der Jahreszeiten zur rechten Zeit ackern und säen zu können. Den beobachtenden Menschengeist mußte es sehr bald klar werden, daß der Wechsel der Jahreszeiten in einigem Zusammenhang mit dem Wandel von Sonne, Mond und Sternen steht. An dem kürzesten Tag des Jahres geht die Sonne an einem bestimmten Punkt des Horizontes, der in südöstlicher Richtung liegt, auf und an einem entsprechenden Punkt in südwestlicher Richtung unter. Umgekehrt ist es am längsten Tag des Jahres; an diesem liegt der Sonnenaufgangspunkt in nordöstlicher Richtung und der Punkt des Sonnenuntergangs in nordwestlicher Richtung. Man nimmt nun an, daß unsere bäuerlichen Vorfahren von einem bestimmten Punkt ihrer Dorfsiedlung aus, vielleicht der Ortsmitte, wo die Wege zusammen liefen, die äußersten Auf- und Untergangspunkte der Sonne am kürzesten und längsten Tage dadurch in der Landschaft festlegten, daß sie in der Flucht auf diese Punkte hin an geeigneten Stellen Steine (Sonnensteine), Bäume oder ähnliche Male aufrichteten. Zwischen diesen Malen wanderten dann die Auf- und Untergangspunkte der Sonne hin und her, von den Wintersonnwendpunkten zu den Sommersonnwendpunkten und wieder

zurück... Mit Hilfe eines solch einfachen in der Landschaft vermarkten Kalenders konnte der Bauer die Aussaat zur rechten Zeit vornehmen, ohne durch die oft schwankende Wärme und Witterung getäuscht zu werden."[26]

Vorstellbar wurde durch meine Beobachtung, daß auf dem Heiligtum, das der Verehrung der aufanischen Matronen diente, die durch den Sonnenstand festgelegten Jahreszeitenfeste entsprechend gefeiert wurden, sicher der Beginn und das Ende des Bauernjahres zum Frühling- und Herbstbeginn, aber mit Gewißheit auch das Fest der hohen Sonne, der Sonnenwende zum Sommeranfang. Vielleicht hielt der Platz in der kalten Jahreszeit seine Winterruhe, denn die exponierte Lage der Görresburg ist im Gegensatz zu den Tälern äußerst kalt und windgepeitscht. Es war bestimmt kein Winterplatz, sind regelmäßige Besucher sich sicher.

Betritt man heute die Tempelanlage durch den Haupteingang, so sind von dort und von der Nordostseite aus nur die Mauerreste des größten und mittleren Tempelchen zu sehen. Von der Nordwestseite ist die mittlere Cella dem Blick entzogen. Nur von der südöstlichen Pfeiler-Ecke erkennt man die drei Tempelchen (Tafel II, oben). Auch wenn man sich diese in ihrer ehemaligen vollständigen Größe und den jeweiligen ursprünglichen Proportionen vorstellt, würde aus den verschiedenen Ecken gesehen jeweils ein Tempel verdeckt sein; Zufall oder eine bewußte Bauweise, deren tiefer Sinn uns verborgen bleibt? Es könnte die sichtbare und unsichtbare Welt dargestellt sein oder ein Hinweis auf die Vollmond- und die Dunkelmondzeit geben.

Beachtung soll noch das 'Hinterpförtchen' des Kultplatzes finden (Tafel III, unten). Meist waren Tempelräume total geschlossen. Der Ausgang -von Touristen meist als Eingang benutzt- kann zwar ganz profan als 'Sakristeitür' oder 'Dienstbotenausgang' gedient haben, kann aber auch -da dem untergehenden Licht nach Westen zugewandt- zum Hinaustragen der Toten bestimmt gewesen sein.

Wer sich mit 'heiligen Linien', die unsere Erde durchziehen, beschäftigt, mag vielleicht eine Erklärung der Tempel-Hintertür darin finden, daß unterirdische terrestrische Schlangenlinien, die durch einen heiligen Raum führen, diesen auch wieder verlassen müssen, so daß man an Hecken oder Mauern eine Öffnung für einen Durchgang des 'Einflusses' ließ.[27]
Betont sind im Nettersheimer Tempel die Schwellen zu den kleinen Räumen. Die Schwelle eines Tempels galt in vielen Kulturen als heilig. Es bedurfte einer gewissen Reinigung und Vorbereitung, bevor diese überschritten werden durfte, wozu oftmals ein hoher, großer Schritt nötig war. Im übertragenen Sinne kann die Schwelle einen neuen Lebensabschnitt symbolisieren. Innerhalb der Cellen könnten Initiationsriten stattgefunden haben, etwa die zeremonielle Einführung in die drei Lebensphasen einer Frau: Jungfrau-Frau/Mutter-weise Alte.

Die Lage des Tempels in Natur und Landschaft

Ehemalige Kultplätze wurden nicht wahl- und planlos irgendwo in der Gegend plaziert, sondern ihre Lage wurde von den Naturvölkern sehr sorgfältig ausgesucht. Welche Kriterien dabei beachtet wurden, können wir heute nur ansatzweise erkennen.
Wasser mußte in der Nähe sein, möglichst eine heilige, heilende Quelle. Für Reinigungs-, Heilungs- und Initiationsriten, aber auch als Lebensspender selbst, hatte das Wasser eine kultische Funktion. Bei der Standortwahl des Matronentempels bei Nettersheim blieben die Quellen und Bäche der nahen Umgebung sicher nicht unberücksichtigt.
Der Hügelgang der Görresburg liegt im Delta von Urft und Schleifbach. In der Sumpffläche am Hohlweg gibt es eine Sickerquelle, deren Wasser heute unter dem Talweg in den Schleifbach geleitet wird. Dieser Quellhorizont hatte zur Zeit der Tempelbenutzung sicher eine wichtige Aufgabe. Im nordöstlichen Wiesenbereich der Görresburg fallen feuchte, kreisrunde Stellen

auf, die auf einstige Wasserstellen schließen lassen. Im Süden des Heiligtums der aufanischen Matronen fließen kleine Quellwasser in die Urft. Auf der Tranchotkarte von 1809 ist nördlich des 'Görresbergs', jenseits des Schleifbachtals an der kleinen Anhöhe mit dem Namen 'Galgenstrunk', ein Brunnen vermerkt. Da es an dieser Stelle seit über 1500 Jahren keine Besiedlung gegeben hat, kann ein Brunnenfragment aus der Antike gemeint sein. Auch Hügel und markante Hügelformen spielten bei der Auswahl eines Kultplatzes eine Rolle. In mancher landschaftlichen Erhebung in der Nähe von Kultstätten werden -mit etwas Fantasie- Ähnlichkeiten mit Bauch oder Brüsten eines Frauenkörpers ausgemacht. Für solche und ähnliche Feinheiten hatten unsere Vorfahren sicher ein besonderes Faible.

Im Schleifbachtal wird das Schutzverhältnis der drei Göttinnen widergespiegelt: So wie die äußeren Matronen ihre junge Göttin beidseitig gegen alles Böse abschirmen, so geben die Hügelhänge dem Bach Schutz und Schirm. Von den nördlichen Höhen des Schleifbachtals aus ist das gegenüberliegende Terrain der Görresburg mit den westlich angrenzenden Flurstücken 'Auf der Schnur' und 'Auf der Heide' als ein einziger Bergrücken erkennbar. Sicher galt einst diese ganze Hügellandschaft als zusammenhängender Kultkomplex mit mehreren, unterschiedlich genutzten Plätzen. Die höchste Erhebung wird zur erhabensten Transzendenz geführt haben.

Die nord-östlichen Hänge jenseits des Schleifbachtals heißen 'Auf Rest' und 'Resterberg' (mundartlich: 'Op Reis' und 'Huuh Reis'). Die alte Bezeichnung 'Riesenstein' ist nicht mehr bekannt, und ein auffälliger Stein ist nicht mehr vorhanden. Durch einen Taleinschnitt ist die Gemarkung 'Auf Rest' westlich vom 'Galgenstrunk' getrennt. Da es in der gesamten Nettersheimer Geschichte keinen Hinweis auf eine Richtstätte gibt, muß die Etymologie dieses Namens anderweitig ermittelt werden. Eventuell hat an diesem Platz einst der Stumpf (Strunk) einer galgenförmigen Steinkonstruktion gestanden. Solche Formationen können Ursprung für manchen 'Galgennamen' sein. In Mexiko gibt es einen Dolmen, bei dem zwei parallel aufragende Naturfelsen im oberen Teil mit einem Querbalken verbunden sind. An bestimmten Jahrestagen wirft dieses Steingerüst einen dreieckigen Schatten auf einen in etwa vierzig Meter Entfernung stehenden Balken eines Sonnenheilgtums. Der Bevölkerung war die steinalte Nutzung nicht bekannt. Sie benannte die Vorrichtung nach deren Form 'Inka-Galgen', obwohl sie weder etwas mit den Inkas noch mit einem Galgen zu tun hatte.[28]

Daß ein Kultplatz Teil der Natur und der Landschaft sein mußte, ist in Nettersheim noch gut nachvollziehbar. Eingerahmt ist der aufanische Segenskreis rundum von Höhenzügen. Dem Hügel 'Auf dem Wachthäuschen', auf dem heute ein Fernsehverstärker steht, schließt sich rechts der Wellerberg an, der Reste von Terrassenäckern aus römischer Zeit bewahrt hat. Eine gedachte Achse verbindet die Görresburg südöstlich mit der höchsten Erhebung im Nettersheimer Raum, dem Steinbüchel (576 m), von dem aus die Kirche Keldenich in genauer Nordrichtung liegt. Die Wälder und Höhen des Mürelwaldes bis zu den Höhen bei Blankenheim schließen nach Südwesten das Matronengebiet ab. Der Blick in Richtung Marmagen trifft den Hahnenberg und das Kreuz 'Op der Kruus', von wo aus noch vor Jahrzehnten zwölf Kirchturmspitzen auszumachen waren. Weiter nördlich erstreckt sich das Gebiet Vogelsang, der Pützberg und die Ackerpetersley, wo die Türme des Klosters Steinfeld hinter dem Waldgebiet Halbig herübergrüßen. Von den Höhen des Rosentals und dem sagenumwobenen Felsgestein des Rummerschleges geht der Blick weiter zum Willenberg bei Zingsheim. Von der Görresburg ist die Verbindung zu dieser Anhöhe so offensichtlich, daß sie selbst dem flüchtigen Besucher auffällt. Im Zingsheimer Gebiet beginnt das Reich der Matronae Fachinehae. Von dort ist es nicht mehr weit bis zum Addig bei Pesch/Nöthen, dem Einzugsbereich der Vacallinehischen Matronen. Diese drei Matronenorte liegen auf einer graden Linie, die weiter bis Bonn (Münster) und in Richtung Externsteine führt.

Von einem Kultplatz aus mußte man einerseits einen freien Weitblick haben, andererseits mußte aber auch der heilige Bezirk als solcher bereits aus der Ferne zu erkennen sein. Obwohl die Tempelanlage in Nettersheim nicht auf dem höchsten Plateau des Geländes liegt, ist sie doch ein regelrechter 'Blickpunkt'. Die niedrigen Mauern sind weit zu sehen; die einstigen Tempel, Bäume oder Steine müssen demnach noch weiter geleuchtet haben. Wichtig war bei der Nutzung eines Platzes als Verehrungsstätte der Götter, daß eine visuelle Verbindung zu anderen Orten und Kultstätten möglich war, so daß das ganze Land in einer geistigen Verbindung miteinander stand. Noch im Mittelalter schuf man durch Wallfahrten eine solche flächendeckende, religiöse Einbindung aller Dörfer und Städte.

Professor Heinz Kaminski, Gründer der Sternwarte Bochum, hat am Beispiel Wormbach im Sauerland diese Sicht- oder Visurlinien eingehend erforscht: "Ganz offensichtlich haben diese Visurlinien schon in früher Zeit die Qualität von 'Kultlinien' besessen, an denen sich die Besiedlung in möglichst enger Zuordnung orientierte... Der Grund für dieses 'Ordnungsprinzip' ist darin zu sehen, daß in damaliger Zeit eine 'Visurlinie' nicht nur eine im heutigen Sinne abstrakte geodätische (landvermessende) Linie war. Diese Linien, die von dem Kultzentrum... ausgingen, waren auch geistige Verbindungen im religiös-mythischen Wertsinne, d. h. Kultlinien. Große, unwegsame Entfernungen trennten die damaligen Menschen von diesem 'heiligen Zentrum'. Die religiös-geistige Kommunikation war aber wichtiger Inhalt des Lebens, vielleicht sogar des Überlebens. Einmal im Jahr konnte das Kultzentrum vielleicht aufgesucht werden, natürlich unter großen Beschwernissen. In der Zwischenzeit wurde die religiöse Kommunikation mit diesem Zentrum über die 'Blickhinwendung' erreicht."[29]

Bis in unsere Zeit hinein war es mancherorts üblich, daß Menschen von einem Hügel aus zu einer in weiter Ferne sichtbaren Kirche ihre Gebete sandten, um sich dort Kraft zu holen. Diese Praxis war in der Vergangenheit, in der man nicht so mobil wie heute war, äußerst wichtig. Im Islam wendet man sich heute noch beim Gebet gen Mekka.

Pilgerpfade können den Visurlinien gefolgt sein. Ebenfalls können diese Sichtlinien als 'Nachrichtennetz' genutzt worden sein, denn von den Kelten hatten die Römer ein Warn- und Informationsnetz übernommen, das mittels Feuer oder Spiegelglas bei Kriegsgefahr eine Warnung weiter geben konnte. Innerhalb von Stunden war auf diesem Weg eine Nachrichtenübermittlung von der Küste bis ins Landesinnere möglich. In Nettersheim sind diese Verbindungen durch geologische Besonderheiten gut vorstellbar.

Neben dem optischen Nachrichtennetz gab es ein akustisches Informations-System. Mittels Stimme oder mit einfachen Klanginstrumenten konnte man Wachtposten in Rufweite erreichen. Kultplätze waren diesem auditiven Verbundnetz angeschlossen. Da ist es nicht verwunderlich, daß mancher Kultplatz ein regelrechter 'Hörplatz' ist, an dem Geräusche aus weiter Ferne klar und deutlich zu empfangen sind.

Die Görresburg hält als historische Anlage auf geheiligtem Boden weiterhin einige ihrer Geheimnisse verborgen. Umfangreiche Grabungen könnten sicher neue Erkenntnisse bringen, doch einiges wird wohl für immer im mythischen Dunkel vergangener Zeiten verborgen bleiben.

Quellenangaben: Nettersheim

1 Festrede Lehrer Jaax beim 25-jährigen Eifelvereins-Jubiläum in Nettersheim 1934, Unterlagen Eifelverein Nettersheim

2 Nikola Reinartz: Die 'Krummel' von Nechtersheym, ein Eifler Rittergeschlecht, in: Annalen des historischen Vereins für den Niederrhein, 1941, Seite 9

3 Franz Cramer: Römisch-germanische Studien, Breslau 1914, Seite 174

4 Josef Hagen: Das Matronenheiligtum auf der Görresburg bei Nettersheim, in: Eifelvereinsblatt Juni 1911

5 Vgl. C. A. Eick: Die römische Wasserleitung aus der Eifel nach Köln, Bonn 1867

6 Hans Lehner: Das Heiligtum der Matronae Aufaniae bei Nettersheim, in: Bonner Jahrbücher (BJ) 119, 1910, Seite 309

7 Antonius Jürgens: Zur Eröffnung restaurierter archäologischer Denkmäler in Netters heim, in: Das rheinische Landesmuseum Bonn, Sonderheft 1978, Bonn 1978, Seite 151

8 Hans Lehner: Die antiken Steindenkmäler des Provinzialmuseums in Bonn, Bonn 1918, Seite 134

9 Klein: Weihestein aus Nettersheim, Eifel, in: BJ 191, 1897, Seite 181

10 BJ 143/144, 1939, Seite 431

11 BJ 186, 1986, Seite 612

12 Prof. Dr. Hans Lehner: Bericht über die Tätigkeit des Provinzialmuseums, in: BJ 134, 1929, Seite 142

13 Annette Kuhn: 2000 Jahre Bonn zu Ehren der aufanischen Matronen - ein feministischer Geburtstagswunsch, in: Die Bonnerinnen, Bonn ist 2000, Bonn 1988, Seite 23
14 Provinzialschulrat Dr. Franz Cramer, Münster: Die "Aufanischen Mütter", in: Eifelvereinsblatt Oktober 1913, Seite 231
15 Isabella Horn: Diskussionsbemerkung zu Ikonographie und Namen der Matronen, in: Matronen und verwandte Gottheiten, Köln 1987, Seite 156
16 Georg Andreas Bachen: Keltoromanisch im Gau Köln-Aachen, Köln 1968, Seite 61
17 Günter Neumann: Die germanischen Matronen-Beinamen, in: Matronen und verwandte Gottheiten, Köln 1987, Seite 114/115
18 Vgl. Werner Eck: Niedergermanische Statthalter, in: BJ 184, 1984, Seite 115
19 Berichte über die Tätigkeit des Provinzialmuseums, in: BJ 120, 1911, Seite 77
20 Dechant und Oberpfarrer des Bonner Münsters Johannes Hinsenkamp: Die Funde in der Bonner Münsterkrypta in ihrer Beziehung zur Eifel, in: Eifelvereinsblatt Februar 1929, Seite 21
21 Hans Lehner und Walter Bader: Baugeschichtliche Untersuchungen am Bonner Münster, in: BJ 136/137, 1932, Seite 203
22 Vgl. Sophie Lange: Nettersheim. Das Dorf und seine Geschichte, in: Unser Dorf Nettersheim, 1100 Jahre und mehr, Euskirchen 1993, Seite 10
23 Antonius Jürgens: Grabungen und Restaurierung archäologischer Denkmäler in Netters heim, Kreis Euskirchen, Sonderheft Januar 1977, Bonn 1977, Seite 88
24 Römerüberreste bei Nettersheim in der Eifel, in: Eifelvereinsblatt Januar 1926, Seite 9
25 Rheinisches Landesmuseum, Jahresbericht 1976, in: BJ 178, 1978, Seite 723
26 August Henkes: Der Carosgau in der Eifel, Hannover 1934, Seite 33
27 Vgl. Blanche Merz: Die Seele des Ortes, 1988, Seite 160
28 Vgl. Gottfried Kirchner: Im Schatten der Inkasonne, in: Terra X, Frankfurt am Main 1983, Seite 148
29 H. Kaminski: Die Götter des Landes Vestfalen, Fredeburg 1988, Seite 176

Weitere benutzte Literatur zu Nettersheim

Führer zu vor- und frühgeschichtlichen Denkmälern, Nr. 25 und Nr. 26, Mainz 1974
Klaus Grewe: Der Römerkanal-Wanderweg, Textband und Kartenband, Düren 1988
Der geologische Lehr- und Wanderpfad der Gemeinde Nettersheim, Herzogenrath 1988
Flurnamenkarte, Wanderkarten
Unterlagen der Gemeinde Nettersheim zum archäologischen Wanderpfad

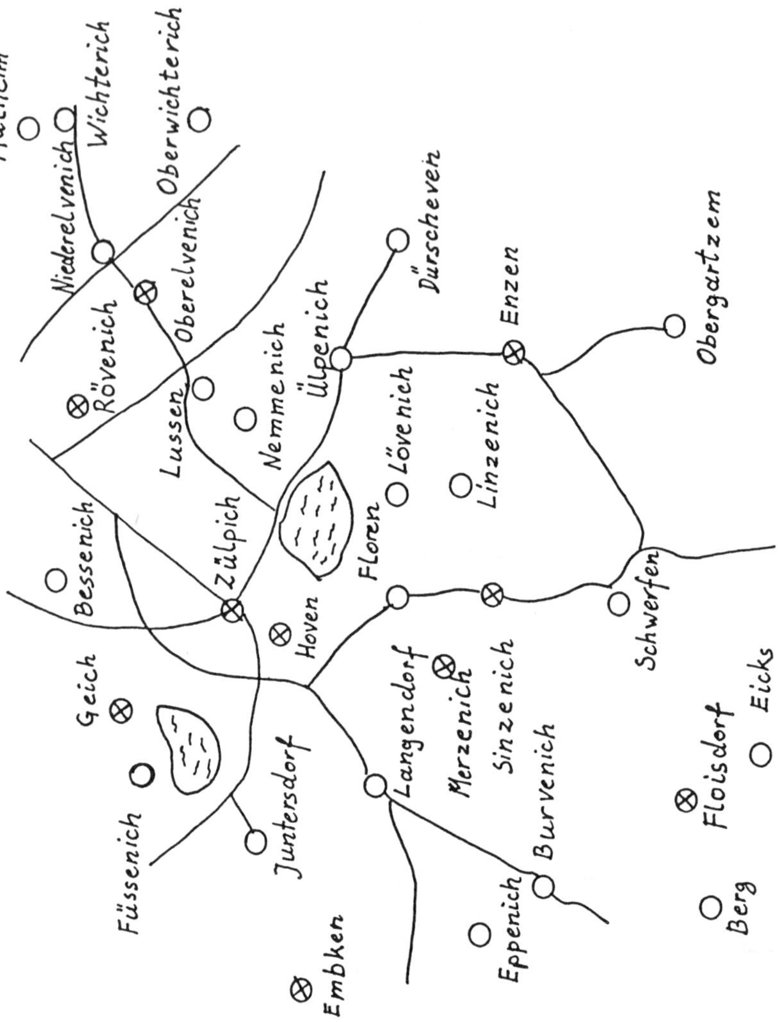

(x) Fundstellen von Matronensteinen im Raum Zülpich

Das Zülpicher Land

Eine intensive Besiedlung des Zülpicher Raums durch die Kelten wird durch die dortigen Ortsnamen mit der Endung *ich* (von acum=Gutshof) bewiesen: u.a. Füssenich, Geich, Bessenich, Rövenich, Ober- und Niederelvenich, Wichterich, Nemmenich, Ülpenich, Lövenich, Linzenich, Sinzenich, Irnich, Virnich, Merzenich, Bürvenich, Eppenich und Zülpich selbst. Die keltische Kultur dürfte sich in der Wesensart der Bewohner und in deren Sitten niedergeschlagen haben. Die Ortsnamen dokumentieren gleichzeitig eine kontinuierliche Nutzung dieses fruchtbaren Landstrichs.
Die keltischen Religionsvorstellungen wurden auch hier von den Römern übernommen. Im römischen Tolbiacum/Zülpich mit seinen wichtigen Straßenkreuzungen (Reims-Köln, Trier-Neuß) setzte man den altüberlieferten, aufanischen Schutzgöttinnen genauso eifrig Weihesteine wie in Bonn und in Nettersheim. Doch auch andere Matronen und weitere Göttinnen wurden verehrt. Allein in Zülpich und in den heute zur Großgemeinde gehörenden Orten sind insgesamt 30 Matronen-Weihungen gefunden worden. Dazu kommen noch 20 Weihesteine der Fundstellen, die heute zum Kreis Düren gehören, aber einst sicher im Zülpicher Kultkreis eingebunden waren: Embken (9 Matronensteine), Vettweiß (6), Wollersheim (3), Müddersheim (1) und Soller (1). Wenn man bedenkt, daß noch viele Weihesteine im Boden ruhen können oder zerstört wurden, so wird die Ausbreitung des Matronenkults vorstellbar. Zülpich und das ganze Umfeld scheinen ein regelrechtes Frauen- und Göttinnenland gewesen zu sein. Die Verehrung von männlichen Göttern hat kaum stattgefunden. Nur einige wenige Relikte von Jupitersäulen sind geborgen worden. Nun war der Jupiterkult für die im Dienst der Römer stehenden Legionäre aber eher eine Pflichtübung als eine Herzenssache. Auch die Soldaten nahmen ihre Zuflucht zu Göttinnen und nicht zu Göttern. Ganz offensichtlich waren die Dreiergöttinnen die dominierenden heiligen Schutzwesen des ganzen Zülpicher Landes, und das bestimmt nicht nur zur Römerzeit, sondern bereits in den Jahrhunderten davor.

Zülpich: Matronen und andere Göttinnen

1844 fand man in Zülpich am Münstertor erstmals einen Aufanien-Inschriftenstein. Er ist im Verzeichnis von 1897, in welchem der Matronenforscher Max Ihm erstmals alle bis zu diesem Zeitpunkt gefundenen Matronensteine bearbeitete und registrierte, unter Nr. 259 aufgeführt.[1] (Matronensteine dieses Verzeichnisses sind folgend im Text mit 'Ihm Nr...' gekennzeichnet; soweit diese Weihesteine ins Bonner Provinzialmuseum kamen, sind sie auch im Verzeichnis Lehners von 1918 genannt, 'Lehner Nr...')
An der linken Seite zeigt dieser Stein ein Füllhorn (Ihm Nr. 259, Lehner Nr. 316). Aus der verstümmelten Inschrift las man folgenden Text: Aufanis Lentinius Messienus ex imperio; also die Steinweihung eines Kelten auf Geheiß der Göttinnen. Diesen Lentinius vermutet man als Namensgeber des Ortes Linzenich (Gutshof des Lentinius).
1853 entdeckte man beim Bau der Straße von Zülpich nach Kommern am Münstertor einen zweiten Aufanien-Weihestein. Mit diesem rechteckigen Altar lösten Aulus Valerius Verus und Iustinia Ursa ein Gelübde ein. Oben auf dem Altarstein sind zwei Äpfel und eine Birne abgebildet (Ihm Nr. 244, Lehner Nr. 313, irrtümlich Kommern zugeordnet). Ein dritter Aufanienstein, der an den Seiten mit Bäumen geschmückt ist, fand sich ebenfalls in der Nähe des Münstertors (Ihm Nr. 260, Lehner Nr. 315). Der Stifter Fuscinius wird als Namensgeber für Füssenich gesehen.
An der gleichen Fundstelle entdeckte man 1844 einen rechteckigen Altarstein für die 'Junnonibus domesticis' (Ihm Nr. 261, Lehner Nr. 545). Die drei Junonen sind benannt nach der römischen Juno, der Gemahlin des Jupiters und Schutzgöttin der Frauen. Sie sind den Matronen gleichzusetzen. Soweit zu entziffern, ist dieser Stein von den *vicanii Tolbiacenses*, den Bewohnern von Zülpich, gestiftet, zu Ehren der heimischen Göttinnen und zum Schutz für Heim und Heimat. Zusätzlich fand man 1854 an der gleichen Fundstelle den Torso einer Tonfigur der Juno. Eine weitere kleine Tonfigur der Juno wurde 1844 von einem Zülpicher Bürger dem Provinzialmuseum in Bonn

geschenkt.
1846 stieß man ebenfalls am Münstertor auf einen winzigen Votivstein mit der Inschrift Quadrubiae sacrum (Ihm Nr. 262, Lehner Nr. 207). Diese Göttinnen, die verschiedentlich in Niedergermanien vorkommen, waren Schützerinnen der Wege und derjenigen Stellen, wo vier Wege sich kreuzen. Diese Lokalgottheiten sind zwar nicht identisch mit den Matronen, aber doch nahe verwandt mit ihnen und 'in den Kreis der Matronen einzureihen'. Altäre für diese Wegegöttinnen standen an Wegkreuzungen und wurden bei der Christianisierung durch Heiligenhäuschen, Bildstöcke und Kreuze ersetzt.
Die Aufaniensteine sowie der Junonen- und Quadrubiae-Stein -alle in geringer Entfernung voneinander an der Südseite der Stadt gefunden- und die Reste von Säulen, Kapitellen sowie Sockelbruchstücken ließen dort ein Ortsheiligtum oder sogar ein 'Hauptheiligtum' vermuten. Der Tempel war jedoch nicht, wie zunächst angenommen, der 'Ursitz' der aufanischen Matronen (s. Nettersheim/Bonn). Man war sich aber sicher, daß an der Fundstelle sowohl die Römer als auch die Kelten ihre Gottheiten verehrt hatten. Pfarrer Nagelschmitt, in dessen Pastoratsgarten ein Teil der Funde sichergestellt wurde, sagte dazu 1884 in einer Rede: "Nach meiner Meinung befand sich hier schon vor Erbauung des Kastells eine keltische, den aufanischen Matronen gewidmete Kultstätte. Die Verehrung solcher mütterlichen Gottheiten war nämlich überall verbreitet, wo Kelten wohnten oder einmal gewohnt hatten."[2]
Als weiterer Fund ist ein Bild-Weihealtar interessant, der den *genius loci* mit einem Füllhorn und einer Opferschale zeigt (Ihm Nr. 445). Über seinem Haupt halten zwei geflügelte Genien eine Mauerkrone. Der Altarstein ist zugleich den aufanischen Matronen geweiht, die gemeinsam mit dem Schutzgeist das Land und die Menschen beschützen sollten. Der Götterstein war zunächst unter dem Münstertor mit der Inschrift nach innen eingemauert. Bei der Restauration des Tores wurde er herausgenommen und vor dem Tor in die Umfassungsmauer des Stadtgrabens eingefügt. Der Altertumsforscher Eick machte sich 1867 Sorgen, ob der gute Geist auch von dort seinen

Segen spenden konnte: "Unter allen bisher in Zülpich aufgefundenen Inschriften ist diese unstreitig die wichtigste und bleibt nur zu bedauern, daß man den Schutzgott nicht wieder unter sicheres Obdach genommen, sondern unbekümmert darum, ob er auch fernerhin sein Füllhorn über die Fluren ausschütten werde, ihm ein Eckplätzchen vor dem Tore angewiesen hat, wo er, dem Wind und Wetter Preis gegeben, bald völlig unkenntlich geworden sein wird."[3] Pfarrer Nagelschmitt berichtete 1908, daß dieser Stein einem Privatmann überlassen wurde, "der ihn zur Decke eines Brunnens in seinem Garten am Münstertore verwendete."[4]

Als man 1856 den Marktplatz in Zülpich neu pflasterte, stieß man an der Nordseite des Platzes auf Gräber, die seitlich mit Matronensteinen eingefaßt waren. Wie bei anderen Matronensteinen, die bei Steinsärgen eine Zweitverwendung gefunden hatten, waren auch hier die Inschriften nach innen gekehrt. Es waren jedoch keine aufanischen Matronen genannt, sondern Matronen mit unterschiedlichen Beinamen. Die Votivsteine dürften also von anderen Orten zu dem Gräberfeld nach Zülpich gebracht worden sein.

Einer dieser Steine ist der Matronis Cuchenehis von einem Legionär der Bonner Minerva I gewidmet (Ihm Nr. 255, Lehner Nr. 323). In roten Buchstaben heißt es: "L. Marcius, der Sohn des Aetons (einheimischer Name), bescheidener Soldat der I. Minervischen pflichtgetreuen und zuverlässigen Legion, erfüllt gegenüber den cuchenehischen Matronen pflichtgemäß aus gutem Grund freudig sein Gelöbnis." Unter der Inschrift ist eine Opferhandlung dargestellt: Ein Soldat legt auf den vor ihm stehenden Altar eine Opfergabe nieder. Seitlich des Opfertisches stehen die drei Matronen (eine beschädigt). Entgegengenommen wird die Gabe von der jungfräulichen Göttin, dabei hält diese 'die Hände im Schoße zusammengefügt und scheint der Opferhandlung des Widmenden ihre ganze Aufmerksamkeit zu schenken' (Tafel IV, oben). An einer Schmalseite ist ein halber Baum zu sehen, die andere Seite weist Blattornamente(?) auf. Eine Kopie dieses Altarsteins steht im Heimatmuseum in Zülpich. Ein zweiter Inschriftenstein des Gräberfeldes in Zülpich ließ Lorbeerzweige erkennen. Der Matronen-Beiname, der stark verwittert war, wurde als Cuchenehis gelesen (Ihm Nr. 257, Lehner Nr. 322).

Tafel I

Große Göttermutter (Köln)

Matronen-Göttin (Nettersheim)

Marienstatue (Tongeren)

Matronen-Nachb., Pappmaché (Marianne Pitzen, Frauenmuseum Bonn)

Tafel II

Matronentempel "Görresburg" bei Nettersheim

Erntealtar vor den Matronenaltären

Tafel III

Matronentempel Nettersheim: Haupteingang bei Sonnenaufgang (Tag- und Nachtgleiche)

"Hinterpförtchen" der Tempelanlage

Tafel VI

"Heidentempel" Pesch/Nöthen: Matronencella im Sonnenlicht

Relikte der Basilika

Tafel VII

Matronen-Inschriftenstein vor der Kirche in Meckenheim

Kranich und Füllhorn mit Früchten (Nettersheim)

Matronen-Terrakotta

Tafel VIII

Die heiligen Schwestern Fides, Spes und Caritas (Weilerswist)

Marienstatue mit Mondsichel, Schlange und Apfel (Weyer)

Zwei weitere Steine dieser Matronen fand man in Merzenich bei Zülpich (s. dort).

Der dritte Bildnisstein (Ihm Nr. 256, Lehner Nr. 514) des Gräberfeldes hat Sextus Candidius Maternus für sich und die Seinen als Einlösung eines Gelübdes den Matronis Vesuniahenis gestiftet. Die Matronendarstellung war nur von den Knien bis zu den Füßen der Göttinnen erhalten, da die Matronensteine auf Grabmaße zurecht gehauen worden waren. Bei der rechts sitzenden Matrone konnte man noch einen Fruchtkorb auf dem Schoß erkennen. Deutlicher sind die Abbildungen auf den Nebenseiten. Die rechte Seite zeigt ein Füllhorn mit Obst und einem Pinienzapfen. An den Seiten des Füllhorns sind fallende Äpfel eingemeißelt. Das untere Ende des Füllhorns 'krümmt sich zierlich um eine große rechts gelegene Kugel'. Auf der linken Seite wächst ein Füllhorn aus einem Blätterzweig, auf dem 'ein großer Vogel mit rückwärts gebogenem Kopfe' sitzt. Er wurde 1856 als Rabe oder Krähe gesehen. Da aber spätere Funde einen solchen Vogel deutlich als Kranich kennzeichnen, dürfte es sich auch hier um diesen Vegetationsvogel handeln. Der rückwärts gebogene Kopf (ebenfalls auf anderen Matronensteinen abgebildet) kann möglicherweise die keilartige Flugformation dieser Zugvögel darstellen. Der Name Vesuniahenis wird auf Vettweiß (Wissa) bezogen. In Vettweiß, Wollersheim und Embken (Kreis Düren) fand man zahlreiche Weihesteine an diese Göttinnen. Von einem Weihestein aus Embken (Ihm Nr. 239, Lehner Nr. 522), der die Matronen in drei Medaillons zeigt, steht ein Abguß im Heimatmuseum in Zülpich. Die Schmalseiten zeigen Figuren: einmal eine Opferpriesterin mit einer Kanne, zum andern ein Junge mit einem Schwein, das an den Hinterläufen hochgehalten wird.

Auf einem vierten Stein ist nur ...ahnebis lesbar, evt. Veteranehis (da 'gänzlich unsicher' von Ihm nur auf Seite 142 in einer Fußnote genannt, Lehner Nr. 530). Noch unleserlicher ist der Beiname (Anesaminehis?) auf einem fünften Altarbild (Ihm Nr. 258, Lehner Nr. 260), auf dem das Matronenbildnis jedoch gut erhalten ist: "In der flachen Nische sitzen die drei Göttinnen auf der Bank in der üblichen Tracht mit Körben oder Kästchen auf dem Schoß, der linken fehlt der Kopf, alle sind sehr bestoßen und verwittert. Auf

den Schmalseiten Füllhörner mit Früchten." Neben den nicht näher zu bestimmenden Früchten sind ein Pinienzapfen und zwei herunterhängende Ähren abgebildet. Bereits bei diesem Stein betonte man, daß die mittlere Figur erheblich kleiner, jugendlicher und mädchenhafter war als die beiden mit Hauben bekleideten 'Müttern' zu ihren Seiten.
Ein weiterer, stark beschädigter Stein soll die textumehischen Matronen genannt haben. Von diesen Matronen wurde je ein Weihestein in Floisdorf (s. dort) un in Soller (Kreis Düren) gefunden.
Im Juli 1951 stieß man bei Ausschachtungsarbeiten im alten Friedhofsbereich Meersburden (Martinsbauernschaft), nahe der alten Römerstraße Zülpich-Köln (Ecke Römerallee/Dreikönigsweg), auf Gräber aus der Römer- und der Frankenzeit. In einem Ost-West ausgerichteten Doppelgrab aus der Frankenzeit, das mit starken Rotsandsteinplatten eingefaßt war, fand man zwei übereinander liegende Skelette. Die Köpfe der beiden Toten waren auf einem Matronenstein gebettet. Die Bildnisse der Göttinnen waren erhalten, die unteren Teile mit den Inschriften abgeschlagen.[5] Das zwar stark beschädigte, aber doch beeindruckende Monument ist im Original im Heimatmuseum in Zülpich ausgestellt.
Die Verwendung von Matronensteinen als Teile von Steinsärgen hat unterschiedliche Bewertungen hervorgerufen. Einerseits wird diese Zweitverwendung als praktische Nutzung gesehen, andererseits glaubt man, darin einen Sinn zu erkennen. Da die Inschriften fast immer zum Sarginnern gewendet sind, scheint man die Steine doch sehr bewußt als Grabsteine genommen zu haben. Es sei darauf hingewiesen, daß Matronen in ihrem Aspekt der Fruchtbarkeit nahe mit dem Totenkult verbunden sind. Die Datierung der Begräbnisstätten mit Matronensteinen macht einige Schwierigkeiten. Man ist sich meist nicht sicher, ob die Toten bereits Christen waren. Gerade das Zülpicher Grab mit der Lagerung der Köpfe der Toten auf dem Matronenstein kann als eine weitere, vielleicht heimliche Verehrung der Matronen angesehen werden, möglicherweise zur Übergangszeit zum Christentum, also bei der 'Heidenverfolgung', als eine offene Verehrung dieser Schutzgöttinnen nicht mehr möglich war.

In Zülpich hat sich in der Volksüberlieferung die Erinnerung an einen Heidentempel bewahrt: “Nach einer alten Ortstradition hat ein heidnischer Tempel an der Stelle gestanden, wo jetzt die Peterskirche steht.”[6] Das Chörchen der Krypta soll auf jeden Beschauer den Eindruck gemacht haben, daß die Krypta aus einer früheren Zeit herstamme. Die Hypothese, daß es sich um einen Marstempel gehandelt haben könnte, bestätigte sich jedoch nicht. Vielmehr fand man im alten Krypta-Eingang vermauert die Schmalseite eines Matronensteins, auf der ein Dreifuß (Opfertisch?) abgebildet ist. Darauf steht eine Schale mit Äpfeln.
Bei der Freilegung des Römerbades in Zülpich (1931/1934) fand man kleine Statuetten der Göttin Athene, der Minerva und des Matronen-Kultbegleiters Merkur.

Hoven: Göttinnentempel und Frauenkloster

Das Kloster Hoven bei Zülpich steht auf geschichtsträchtigem Boden. Im Jahr 1188 zogen Zisterzienserinnen von St. Thomas an der Kyll nach hier, um eine Niederlassung zu gründen. Vom Mittelalter ist von strenger Klausur und eifrigem Tugendstreben, von innerem Glück und tiefem Frieden, von guter Gesinnung trotz äußerer Bedrängnisse im ‘Kloster der Gerechten’ die Rede. 1804 wurde das Kloster innerhalb der Säkularisierung aufgelöst, kam im Privatbesitz und wurde später von den Cellitinnen aus Köln übernommen. Heute werden in den Krankenanstalten ‘Kloster Marienborn’ alte und psychisch kranke Menschen betreut.[7] Daß Hoven bereits seit fast zweitausend Jahren ein Frauenplatz ist, zeigen Göttinnensteine in der Klosterkapelle.
Zur Römerzeit gab es im Bereich des Klosters Marienborn bereits eine Siedlung. Auch dort wurden die Matronen verehrt. Zwei Inschriftensteine der Matronae Sait(c)hamiae kamen in der dortigen Klosterkirche im Mai 1889 bei der Wegnahme des alten Verputzes zum Vorschein.[8]
Der eine Stein ist aus rotem, der andere aus weißem Sandstein. Beide befinden sich links am Eingang des Chores in bzw. neben dem Triumphbogen und

können heute noch betrachtet werden. Die Stifter tragen germanische Namen, und auch der Beiname der Matronen ist germanisch. Als Sinname wurde er mit 'die gegen bösen Zauber Schützenden' übersetzt. Als topischer Name wurde er mit Sechtem bei Bonn in Zusammenhang gesehen; auf einem in der dortigen Pfarrkirche 1973 gefundenen Matronenstein war der Inschriftenteil, der vielleicht eine Klärung gebracht hätte, nicht erhalten.

Vorne rechts im Chor der Hovener Klosterkirche, schräg gegenüber der Matronensteine, war man bereits im Oktober 1888 auf eine römische Inschrift gestoßen. Der Stein wurde "von der ihn ganz bedeckenden Tünche und den Resten mehrmaliger Übermalung mit großer Mühe"[9] gereinigt und die Schrift lesbar gemacht, die sich als 'außerordentlich sorgfältig und schön gearbeitet' erwies. Ans Tageslicht kam eine Tempelweihung für die *dea Sunuxalis*. Die Bauinschrift besagt, daß zur Zeit des Kaisers Gordian um 239 n. Chr. Probia Iustina den Tempel zu Ehren der Göttin für ihren Sohn neu errichten ließ.

Sunuxal war die Stammesgöttin der Sunnuci, deren Wohngebiet westlich an das Ubierland grenzte. Man nimmt an, daß Zülpich ursprünglich von den Sunikern bewohnt war und in römischer Zeit den Ubiern zugeteilt wurde, wobei die Trennungslinie dieser beiden Volksstämme zwischen Zülpich und Hoven verlief. Im Mittelalter schied hier eine Grenze das Kurfürstentum Köln und das Herzogtum Jülich. Heute ist Hoven der Stadt Zülpich eingemeindet.

Im von Hoven fünf Kilometer entfernten Embken (Kreis Düren) fand man 1848 an der 'Gödesheimer Burg' innerhalb eines Gräberfeldes neben neun Votivsteinen der 'Matronis Veteranehis' ebenfalls einen Weihestein an die *dea Sunuscali*. Im nahen Wollersheim, wo man am Pützberg auf 40 fränkische Gräber mit drei Steinen der Matronen gleichen Namens wie in Embken stieß, wurde auf den Feldern des Hofes ebenfalls ein Altärchen der Göttin Sunuxal freigelegt. Ein weiterer Weihestein dieser viel verehrten Stammesgöttin wurde 1908 zwischen Heimbach und Vlatten entdeckt. Dieser Stein zeigt an beiden Schmalseiten Bäume. An der Inde bei Eschweiler/Aachen stellte man ebenfalls eine Sunuxal-Weihestein sicher. Ein gemeinsamer

Tempel der Göttin Sunuxal und der Ortsgottheit Varneno aus dem 2./3. Jahrhundert wurde an der von Aachen-Kornelimünster nach Breinig führenden 'Alten Steinstraße' auf einer Hochfläche namens 'Schildchen' erstmals 1910 freigelegt und 1989 rekonstruiert.
Erwähnt von den vielen römischen Funden im Klosterbereich von Hoven sei noch eine Statue, die 1591 dort gefunden wurde, in die Kunstssammlung des Grafen Hermann von Manderscheid-Blankenheim kam, dann verlorenging und später im Bonner Landesmuseum auftauchte.[10] Deutete man diese Figur zunächst als Bacchus-Götterbildnis, so sieht man diese inzwischen als reines Zierwerk eines römischen Sarkophags. Sehr ausdrucksvoll ist ein äußerst qualitätsvoller Jünglingskopf aus Kalk, der aus der neronischen Zeit (54-48 n. Chr.) stammt. Er wurde innerhalb eines Grabmals in Hoven gefunden.
Die Matronensteine und die Sunuxal-Tempelweihung sprechen für eine intensive Verehrung von Göttinnen im Bereich des späteren Frauenklosters Marienborn. Sicher ruht in Hoven -wie überall im Zülpicher Land- noch mancher Matronenstein im Schoß der Erde. Daß Hoven immer wieder mit den aufanischen Matronen in Verbindung gebracht wird, ist ein geschichtlicher Überlieferungsfehler. Die aufanischen Göttinnen haben - wie gezeigt- ihren Kultbereich in Zülpich gehabt.
Wer die Kapelle im Kloster Marienborn besucht, sollte nicht versäumen, die 'Hovener Madonna' zu betrachten. Diese romanische Figur aus der Zeit von 1170/80 hat in ihrer thronenden Haltung viel Ähnlichkeit mit den Matronen der vorchristlichen Zeit.

Geich und der Eulenberg bei Juntersdorf

In dem zwischen Zülpich und Füssenich liegenden Dorf Geich, das man mit den cuchenehischen Matronen (Zülpich und Merzenich) in Verbindung bringt, wurden im Herbst 1854 in einem Garten in Richtung Zülpich nebst "einer großen Masse von Ziegeln in allen Formen auch mehrere Urnen und

andere Gefäße"[11] ausgegraben. Dabei stieß man auf einen Matronenstein, den ein Erbe nach der testamentarischen Verfügung eines anderen hatte anfertigen lassen (Ihm Nr. 254). Der Votivstein, dessen Verbleib unklar ist, war allerdings nicht den chuchenehischen Matronen geweiht, sondern überlieferte einen neuen Beinamen: Matronis Ulauhinehis.
Der Name wird als germanisch angesehen und mit 'die für den Eulenhain Zuständigen' übersetzt. Tatsächlich gibt es in der Nähe von Geich -bei Juntersdorf- einen Eulenhain, den Eulenberg. Einst waren dort Obstwiesen, heute ist der Hügel mit unterschiedlichen Bäumen und Büschen bewachsen. Auf der Tranchotkarte (1801-1813) ist der Eulenberg als Hulenberg eingezeichnet. Bei Sinzenich gibt es ebenfalls einen Eulenberg, dem sich in Richtung Schwerfen der Görresberg anschließt, der auf der Tranchotkarte mit Heydenberg eingetragen ist. Ein weiterer Eulenberg, der Beachtung verdient ist der Eulenberg bei Urfey/Vollem (s. Weyer).
Plätze, die den Flurnamen Eule... tragen, werden gerne als alte Kulthaine betrachtet. Allerdings hat die Bezeichnung nichts mit der Eule zu tun, obwohl dieser Vogel der Weisheit das heilige Tier von Göttinnen war, zum Beispiel der griechischen Göttin Athene, der römischen Göttin Minerva und der keltischen Göttin Rigani. Abgeleitet werden können Eulennamen viel eher von dem germanischen Wort alah=heiliger Hain, geweihte Stätte. Die Ulauhinehae wären somit die Göttinnen von einer bestimmten Kultstätte.
Obwohl nur dieser eine Matronenstein in Geich gefunden wurde, muß die Matronenverehrung in diesem Gebiet groß gewesen sein, denn die Göttinnen spuken in ihrer Sagengestalt als Juffern gerne dort herum. Drei mündliche Überlieferungen wissen von der Juffern in der Juntersdorfer Burg.[12]
In der ersten Erzählung heißt es: "In alter Zeit war die Juntersdorfer Burg mit Wall und Graben umgeben. Heute ist nur an der Nordseite ein Stück Wassergraben übrig geblieben. Manchmal ließen sich in der Burg wie in deren Nähe drei Juffern sehen. Obwohl sie keinem ein Leid zufügten, fürchtete man sich sehr vor ihnen. Was sie suchten und warum sie umgingen, wußte niemand zu sagen." Die Juffern wandelten manchmal durch den Burghof, schritten an den Ställen vorüber, klopften an jeder Tür und suchten öfter die Scheune auf.

Gerne schritten sie durch die Wiesen: "Auch in den Baumwiesen nahe der Burg trieben sie oft ihr Wesen. Wenn große Wäsche war, wurde dort nachts gewacht. Die Wächter wollen sie dann oft gesehen haben; doch sollen sie niemanden angeredet haben, sondern immer nur stumm einhergegangen sein."
In der zweiten Erzählung sind die drei Juffern schwarz gekleidet und es rauscht wie bei Seidengewändern. Sie erscheinen einer Magd beim morgendlichen Melken im Stall. Das Mädchen will aus lauter Furcht nicht mehr in den Stall, aber der Burgherr erklärt ihr die gute Gesinnung der Juffern: "Die hale all Kodds us däm Stall; keen Hex kann jet maache." (Die halten alles Böse aus dem Stall; keine Hexe kann etwas machen.)
In der dritten Überlieferung aus Juntersdorf geht es um Birnen, dem häufigsten Attribut der Matronen: "Zwei junge Burschen gingen zum Baumgarten der Burg, um für sich und die Mägde Birnen zu stehlen. Während der eine am Eingang achtgab, daß keiner sie überrasche, kletterte der andere auf einen Baum und schüttelte die Birnen ab. Als er herunterblickte, sah er, daß das Obst schon aufgehoben wurde. Da rief er dem anderen zu: "Jag doch die Fraulöck fott; mie wolle denne jet brenge, nu senn se ad hee, on rafe se op." (Jage doch die Mädchen weg; wir wollen denen etwas bringen, nun sind sie schon hier und heben sie -die Birnen- auf.) Als sie zu den Mädchen kamen, liegen die schon im Schlafe. Da erkannten sie, daß die drei Juffern die Birnen aufgehoben hatten. Sie erzählten einem alten Manne ihr Erlebnis. Er entgegnete: Das ist nichts Neues; die haben schon manchem Obstdiebe einen Schabernack gespielt. Sie wollen nicht, daß dort jemand stiehlt." In dieser Sage beschützen die Juffern ganz eindeutig das Schutzgebiet der Matronen: Obstwiesen und vor allem Birnen.

An der Stelle der hochgelegenen Kirche zu Juntersdorf stand zur Römerzeit wohl ein Wacht- oder Signalturm. Im Mauerwerk der Kirche sollen römische Ziegeln eingebaut sein.

Oberelvenich und der Rotbach

In Oberelvenich fand man 1860 vier 'arg verstümmelte' Matronensteine, die 1862 durch die Vermittlung eines 'Kölner Althändlers' ins Bonner Provinzialmuseum gelangten. Die Votivsteine zeigten einen neuen Matronen-Beinamen: Albiahenis.[13]

Auf einem stark beschädigten Weihestein (Ihm Nr. 248, Lehner Nr. 253) sind die drei Göttinnen 'auf einer steinernen Ruhebank sitzend' in der üblichen Tracht zu sehen. Sie tragen Halsreifen mit Lunula. Die Fruchtkörbe auf dem Schoß sind mit 'Äpfeln, Birnen und sonstigen Früchten' gefüllt. Die rechte Seitenfläche schmückt eine zierlich gearbeitete Arabeske von Blättern und Blumen, über der eine Schüssel mit drei Obstfrüchten (Äpfeln?) angebracht ist. Aus der stark verstümmelten Inschrift las man heraus, daß der Weihestein von zwei Frauen namens Iustina und Vera Terentiae gestiftet worden war: Matronis Albiahenis Terentiae Iustina et Vera VSLM. Ein Abguß dieses Altarsteins steht im Heimatmuseum in Zülpich.

Ein zweiter Stein aus Oberelvenich zeigt nur noch Bruchteile des Matronenbildes (Ihm Nr. 246, Lehner Nr. 256). Lehner beschrieb ihn 1918 wie folgt: "Unterteil eines skulpierten Denkmals, oben abgebrochen. Oben Rest der üblichen Darstellung: Die drei Göttinnen in einer von zwei Pfeilern flankierten Ädikula sitzend. Nur die Unterkörper bis zur Brust sind erhalten, mit Fruchtkörben auf dem Schoß (bei der rechten zerstört). Auf der rechten Schmalseite eine Vase mit Akanthusranken, die linke Schmalseite abgeschlagen. Hinten ausgehöhlt." Die Stifternamen waren verstümmelt; man ergänzte auf (S)uperini(us) und (J)ustin(ius).

Von einem dritten Altar der Matronae Albiahenae hat lediglich das stark bestoßene Oberteil mit einer Inschrift die Jahrhunderte überdauert (Ihm Nr. 247, Lehner Nr. 255). Der Stiftername ist nur mit Macrin... erhalten. Es kann auf Macrinius, aber auch auf den Frauennamen Macrinia ergänzt werden.

Ein Inschriftenstein (Ihm Nr. 249, Lehner Nr. 254) ist von zwei Stiftern mit den keltischen Namen Lucillius Dagionius und Firmanus Dagionus gestiftet

worden. Die linke Schmalseite ist abgeschlagen, die rechte zeigt ein Füllhorn.
Die Fundstelle ist in den Bonner Jahrbüchern mit 'im sogenannten Heidenfelde' angegeben. Ein sogenanntes Heidenfeld gibt es in Oberelvenich aber überhaupt nicht, wie bereits im Jahr 1907 festgestellt wurde.
Trotzdem wurde das 'sogenannte Heidenfeld' getreulich übernommen und bis in jüngster Zeit veröffentlicht. Allzu gerne assoziiert man Heide-Flurnamen mit heidnischen Kultplätzen. An dem Beispiel Oberelvenich wird jedoch klar, wie vorsichtig man mit solchen Spekulationen umgehen muß. Längst nicht jedes Heidenfeld und jeder Heidenberg hat etwas mit vorchristlichen Kultplätzen zu tun. Sehr oft ist nur eine heidenartige Fläche oder eine mit Heide bewachsene Flur gemeint.
Die Angabe 'Heidenfeld' beruht in Oberelvenich wahrscheinlich auf eine Verwechslung mit 'Weidenfeld', denn im 'Weidenfeld' zwischen Ober- und Niederelvenich war man 1870 auf eine ausgedehnte römische Begräbnisstätte mit Lanzen, Schwertern, Kugeltöpfchen und Münzen gestoßen. Die richtige Fundstelle der Matronensteine -nach Angaben des damaligen Grundstückbesitzers und Finders- war der 1860 entdeckte Römerbrunnen, in dessen 'Überbau' die Göttinnenaltäre eingefügt waren. 1937 hieß es darüber: "Das bedeutendste Zeugnis aus dieser Zeit (Römerzeit) ist der noch wohl erhaltene Römerbrunnen hundert Meter östlich vom Bahnhofe der Kreisbahn. Noch vor 20 Jahren lag er hier von dichtem Buschwerk und hohen Ulmen beschattet und spendete mittels Ziehhaken und Eimer den Anwohnern das nötige Trinkwasser, ist aber inzwischen aus Sicherheitsgründen zugeschüttet worden. In seinem oberen Teile besteht er aus schön behauenen und gut gefügten Tuffquadern, die auf einem schweren Eichenpfahlwerk ruhen. Bei der Auffindung 1860 kamen auch die bereits erwähnten und dem Überbau eingefügten Matronensteine zu Tage, ferner römische Dachziegelstücke, eine Geldmünze aus der Kaiserzeit, Nägel, Eisenringe, zahlreiche Perlen, drei römische Lanzen und zehn wohlerhaltene menschliche Skelette von kräftiger Konstitution; ein gepflasterter Weg verlief von hier zur Hauptdorfstraße."[14]

In dem Beinamen Alibiahenae dieser Matronen sieht man einen Bezug zu der Fundstelle und dem Ortsnamen Elvenich. Diesen führt man zurück auf den gallischen Personennamen Albinus und ein Heim dieses Mannes, das als Albiniacum bereits 855 urkundlich erwähnt ist. Der Personennamen kann mit der Silbe *alb* zusammenhängen, die bei vielen alten Fluß- und Ortsnamen vorkommt (zum Beispiel: die Elbe, Elven, Olpe). Mit dem Wortstamm *alb* verwandt sind die Alben oder Elfen des altgermanischen Götterkultus, die folgendermaßen beschrieben wurden: "Es waren diese nach dem heidnischen Volksglauben übernatürliche Wesen von zarter und göttlicher Schönheit, welche am liebsten auf waldumkränzten Wiesen und Angern weilten und hier bei Nacht und Mondenschein ihre Tänze ausführten."[15]
Bei Berücksichtigung der Vorsilbe *alb* wären die albiahenischen Matronen 'die vom Fluß'. Mit dem 'Fluß' kann nur der Rotbach gemeint sein, der durch Oberelvenich fließt. Dieser entsteht bei der Eickser Mühle aus dem Mehlen- und dem Bruchbach, streift die Orte Schwerfen, Sinzenich, Linzenich, Lövenich, Nemmenich, Lüssem, Ober- und Nieder-Elvenich, Mülheim (wo er den Bleibach aufnimmt), Wichterich, Niederberg, Friesheim, Ahrem und Lechenich. Nördlich von Dimerzheim (südöstlich von Gymnich) mündet der Rotbach in die Erft.
Der Name Rotbach ist erst neueren Datums und beruht auf einer braunrötlichen Färbung, die das Wasser infolge des rötlichen, eisenreichen Erdreiches annimmt, sobald der Bach anschwillt. Die ursprüngliche, wahrscheinlich vorkeltische Bezeichnung für den Rotbach ist Varavana (Var-ava= sich dahin wälzendes Wasser), die sich zu Vervena entwickelte. Der Rotbach, dessen Lauf in alter Zeit viel gewundener war, hieß bei den Franken Wervena (drehendes, Strudel bildendes Wasser) und später Werfe. Dieser Name spiegelt sich noch im Ortsnamen Schwerfen wider.
Einen direkten Namensbezug zu den albiahenischen Matronen ergibt sich nicht, jedoch war der Rotbach ein regelrechter Begleiter der Matronenverehrung im Zülpicher Land. Der Bach wird an besonderen Festtagen aufgesucht worden sein und spendete für Reinigungs- und Heilungskulte das notwendige Wasser.

Rövenich: Die Geberinnen von guten Gaben

Zu den verloren gegangenen Matronensteinen müssen vier Weihesteine gezählt werden, die in Rövenich 'im gesegneten Flachland des Zülpich-Gaues' gefunden wurden (Rubiniacum=Gut des Kelten Rubinius). Die Fundstelle wird in der Nähe der alten Römerstraße vermutet. Das Datum der Auffindung ist nicht bekannt, liegt jedoch vor 1897. Es wird angenommen, daß die Altarsteine von den Franken nach Rövenich verschleppt wurden. Dagegen spricht allerdings, daß alle vier Denkmäler den gleichen Matronen-Beinamen tragen. Auf zwei Steinen steht die Bezeichnung Matronis Gabiabus, zweimal heißt es nur Gabiabus. Ein Stein (Ihm Nr. 250) trägt folgende Inschrift: Matronis Gabiabus D(C)elorius Iustus LM. Der zweite Stein (Ihm Nr. 251) wurde wie folgt gelesen: Matronis Gabiabus Suetoni Certus et Paternus VSLM. Der dritte Stein (Ihm Nr. 252), der von C. Campanius Victor, einem Legionär der I. Minervischen Legion in Bonn gestiftet wurde, zeigt über der Inschrift eine Darstellung der Matronen. Bei dem vierten Stein (Ihm Nr. 253) kann man nur noch folgende Namen entziffern: Gabiabus Victor Stirri ...SLM.

Der Matronenbeiname Gabiae ist auch von anderem Fundmaterial belegt. Ebenfalls ein Soldat der Minerva I stiftete an die 'Matronis Gabiabus' einen Weihealtar, der in der Nähe des Römerkanals bei Kirchheim/Euskirchen gefunden wurde (Ihm Nr. 222, Lehner Nr. 330). Der Name Gabiae ist allerdings schlecht zu lesen. Sehr deutlich zu erkennen ist der Name Gabia bei einem Stein, der in Müddersheim (Kreis Düren) zu Tage gefördert wurde (Ihm Nr. 269). Auch die Matronen, deren Weihestein in Rohr bei Blankenheim entdeckt wurde, heißen eventuell Gabiae (Ihm Nr. 231, Lehner Nr. 526). In Köln wurde ein Weihestein mit Widmung freigelegt, auf dem Gabiae gemeinsam mit den Junonen genannt war: Junonibus Gabiabus (Ihm Nr. 288).

1919 fand man in Lützermiel (Kreis Rheinbach) in einem Brunnen den Rest eines Altars der Matronae Gabiae. Ob ein altes Wegekreuz zwischen Miel

und Niederdress, das drei Jungfrauen zeigt, auf Matronen oder ihre christianisierten Nachfolgerinnen hinweist, wird inzwischen in Frage gestellt.
Diejenigen Wissenschaftler, die versuchen, die Matronen-Beinamen als Sinnamen zu erklären, sehen die Gabiae als die Gebenden von guten Gaben (abgeleitet von dem germanischen Wort gaba=geben). Welche gute Gaben mögen die Gabiae den Menschen geschenkt haben: Gesundheit, Glück und ewiges Leben?
Wer hinter den Matronenbeinamen ausschließlich Ortsnamen vermutet, sucht auch bei den Gabiae eine Verbindung zu einer Siedlung, zu einem Stamm oder einem Fluß. So schrieb Ihm 1897: "Daß in Gabia ein Ortsname steckt, ist mir nicht zweifelhaft." Einen passenden Ortsnamen konnte der Matronenforscher indes nicht anbieten. Einen Matronentempel der Gabia vermutete 1917 Prof. Hürten aus Münstereifel in der Nähe von Brühl: "Bei Brühl gibt es nämlich eine Straßenbezeichnung, die Gäbjä, die mit dem Namen Gabiae in geradezu auffallender Weise übereinstimmt. Die so bezeichnete Straße geht über das Vorgebirge von Brühl nach Liblar und führt an dem Braunkohlenwerk 'Grube Brühl' vorbei, an dessen Stelle vor 40 Jahren eine einfache Grube mit Handbetrieb war, die man 'An den Dreimärren' nannte, ein Name, der auch heute noch bei den Arbeitern der Grube Brühl gebräuchlich ist. Nun ist das Wort 'Mär' im Klange ganz gleich dem französischen Worte für Mutter, und demnach dürften die Dreimärren die drei Mütter oder Matronen sein, die ehedem an dieser Stelle verehrt wurden und zu deren Heiligtum die eben genannte Gabjästraße führte."[16]
Von dem nördlich von Rövenich gelegenen 'Siechhaus' (ehemalige Leprosen- und Siechenhäuser), wo man mehrere Tränenkrüglein, Tonlämpchen und römische Münzen fand, wird angenommen, daß dort zur Römerzeit die letzte zu Zülpich gehörende Signalstation gewesen sei. Zum dortigen Johanniskapellchen kamen bis zum Jahr 1860 viele Pilger, brachten Wachs als Opfergabe und wurden mittels einer Zündwachsschnur, die um den Kopf gelegt wurde, von Kopfschmerzen befreit, "je nach dem Grade des Leidens ein- bis dreimal herum."[17] Der Hauptpilgertag war der Johannistag (Sommersonnwende), der 'seit Jahrhunderten' in der ganzen Gemeinde Rövenich als

gebotener Feiertag gehalten wurde.
Manchmal weisen Plätze, an denen über Jahrhunderte hinweg Menschen Heilung suchten, auf vorgeschichtliche Kult- und Heilplätze hin. Leider schweigen die drei Juffern, die am Siechhaus öfter zur Nachtzeit herum spukten, zu der Frage, ob 'Am Siechhaus' einst eine Kultstätte der Matronae Gabiae war.

Enzen, Linzenich, Lövenich und der Schievelsberg

Der Schievelsberg, in der Nähe von Linzenich und nicht weit von Lövenich entfernt, übt auf SpaziergängerInnen eine magische Anziehungskraft aus. Dort war einst eine Malstäte, eine Gerichtsstätte. 1394 gehörten zum Bezirk des Landgerichtes Schievelsberg 14 Gemeinden. Gericht wurde im Freien gehalten und Todesurteile gleich an der Gerichtsstätte vollzogen. Kein Wunder, daß es manchem dort nicht ganz geheuer vorkommt.
In einer Sandgrube am Schievelsberg fand man im Herbst 1874 ein aus Sandsteinen zusammengesetztes fränkisches Grab. Eine Steinwand entpuppte sich als eine von einem Matronenaltar abgespaltene Platte, die in Zweitverwendung als Grabwand gedient hatte. Der Stein trug folgende Inschrift: Matronis Hiheraiis M(arcus) Antonius Hilario VSLM. Allerdings war man sich bei einigen Buchstaben nicht ganz sicher. Auf den beiden schmalen Seitenflächen war je ein Baum im Relief eingemeißelt (Ihm Nr. 245, Lehner Nr. 333).
Die Deutung des Beinamens, der ansonsten nicht vorkommt, machte wieder Schwierigkeiten. Man glaubte eine Wortverwandtschaft zu Irresheim (ursprünglich Hirinsheim=Heim des Hirin) zu sehen. 1876 verlängerte man die mutßmaßliche Verbindung über Irresheim hinaus bis zu dem nächsten, nordöstlich gelegenen Ort Frauenberg: "Ob auch das unmittelbar bei Irresheim liegende Dorf Frauenberg dem Cultus der Matronen den ersten Teil seines Namens verdankt..., ist eine Frage, die sich nicht so leicht mit Gewissheit wird entscheiden lassen..." Das Dorf, das 899 nur 'Berg' (villa montis)

hieß, wurde durch das Patrozinium Marias auf 'unserer lieben Frauen Berg' geändert, abgekürzt Frauenberg. Trotz dieser Worterklärung schließt man nicht aus, "daß sich auch hier, wie anderswo, christliche Religionsübung an heidnischen Localcultus angeschlossen habe."[18]
Der Matronen-Beiname Hiheraiis kann aber ebenso gut mit dem der Fundstelle näher gelegen kleinen Dorf Irnich (Iihrnich ausgesprochen), der Burg Irnich oder dem Irnicher Berg zwischen Sinzenich und Floisdorf zu tun haben (Irniacum=Gut des Kelten Irnius). Nach Aussagen von Ortsbewohnern (1950) wurden am Irnicher Berg, an der Ostgrenze der Gemarkung Floisdorf, ebenfalls Steinplattengräber gefunden.
Da die Fundstelle am Schievelsberg damals zur Gemeinde Enzen gehörte, wurde der Matronenstein als 'römischer Matronenstein zu Enzen' katalogisiert, obwohl die Fundstelle ebensogut Lövenich zugeordnet werden kann. In Enzen wurden wiederholt römische Fundamente aufgedeckt. 1850 stieß man auf dem Kirchhof auf einen Gang von etwa 5 m Länge und einen ummauerten Raum. 1898 entdeckte man an der gleichen Stelle einen unterirdischen Gang, der ebenfalls in diesen Raum führte. Man glaubte, hier 'höchstwahrscheinlich' einen Wachtturm mit einem Fluchtweg gefunden zu haben. Bekannt geworden ist Enzen durch das 1663 aufgefundene sogenannte 'Königsgrab' und einen weiteren Steinsarg, der 1811 freigelegt wurde. Ein 1977 in der Nähe der Enzener Kirche gefundener Sarkophag erzählte durch reiche Schmuckbeigaben von der Bestattung einer Frau im Jahre 356 n. Chr., die vielleicht Nonula hieß, wie auf einem kleinen Löffel eingraviert war. Der restaurierte Sarkophag steht vor dem Museum in Zülpich.[19]
1980 entdeckte ein Schüler in der Gemarkung Enzen das Oberteil eines Matronenaltars am Rande eines Waldstücks in einem Lesesteinhaufen, auf den Bauern die Steine von den Äckern geworfen hatten. Dieser Matronenstein ist wie folgt erklärt: "Der genaue Herkunftsort und weitere Fundzusammenhänge ließen sich nicht ermitteln. Die erhaltenen Maße betragen 24x28x18cm (HöhexBreitexDicke). Die Patera zwischen den Pulvini, Baumdarstellungen auf den Schmalseiten sowie drei Zeilen der Schriftplatte sind gut erhalten: Matronis M(arcus) Chanari f(ilius) et Allo."[20]

In Linzenich, das 'dorf- und kirchengeschichtlich uraltes Gelände' ist, soll an der dortigen Burg ein römisches Kastell oder ein Wachtturm gestanden haben. Anfang des 19. Jahrhunderts wurden zwischen Linzenich und Lövenich auf dem sogenannten 'Kamp' am rechten Ufer des Rotbaches, der in der Nähe von Linzenich den Marienbach aufnimmt, römische Grundmauern und zwei Grabinschriften entdeckt. Im April 1890 stieß man in Linzenich bei Anlegung einer Sandgrube auf 30 Skelette, 25 römische Tongefäße, ein Schwert und fünf Glasgefäße mit eingehauenen Zapflöchern. Die Sage weiß von einer bedeutenden Römerschlacht am Schievelsberg und der angrenzenden Schievelheide. Die beiden aus der Keltenzeit stammenden Dörfer Linzenich (Lentiniacum) und Lövenich (Lupiniacum) sind 'Zwillingsdörfer', etwa 10 Minuten voneinander entfernt und getrennt durch den Rotbach.
In Lövenich erzählt die Volksüberlieferung, daß die Ost-West ausgerichtete Kirche ursprünglich ein Heidentempel war. Die 'heidnische Cultusstätte' sei bei der Christianisierung in ein christliches Gotteshaus umgewandelt worden. Für eine frühe christliche 'Römerkapelle' spricht das Patrozinium der römischen Jungfrau Agnes, die nach ihrem Märtyrertod im Jahre 304 große Verehrung bei den ersten Christen genoß.[21] Die kleine Kapelle war ein Fachwerkbau. Nach 1210, zur Zeit des seligen Priesters Joseph von Lövenich, wurde diese zu einer Steinkirche umgebaut und ein Mittelschiff, ein südliches Seitenschiff und ein Turm angebaut. Die ursprüngliche Kapelle blieb als nördliches Seitenschiff bestehen. Direkt an der Kirche errichtete sich der Priester eine kleine Zelle, um 'allzeit bei dem heiligen Sacrament wohnen zu können'. Bei einer Dürre soll er eine nahe Quelle aufgezeigt haben.

Im September 1873 stieß man bei der Abtragung des Friedhofs auf die Apsis der alten Kapelle, die eindeutig römisches Gußmauerwerk, römische Ziegeln und römische Bauart aufwies.[22] Da die Römer für ihre Tempel bereits bestehende Kultplätze übernahmen, wäre ein vorrömischer Kultplatz (Matronen?) in Lövenich nicht ausgeschlossen.

Sinzenich und Thum: Göttinnen und Heilige

Das Dorf Sinzenich (Sentiacum) liegt da, "wo der Rotbach das Wiesengelände nördlich der Eifel verläßt und sich dem fruchtbaren Ackerboden der Euskirchener Ebene zuwendet."[23] 1895 war man bei Erdarbeiten für die Erweiterung der Papierfabrik Lützenkirchen (später Tillmann) am Rotbach auf einen Matronenaltar aus rotem Sandstein gestoßen. Der Grundstückseigentümer schenkte den Votivstein dem Bonner Provinzialmuseum (Lehner Nr. 346). Der Stein hatte eine Höhe von 71 cm, eine Breite von 46 cm und eine Tiefe von 17 cm. Auf dem Rest des Giebels war eine Abbildung, die man als Tellerchen deuten konnte, auf das Opfergaben hingelegt werden konnten. Als Stifter war ein Gaius Fabronius Galliacanus 'in ziemlich schlanken und wenig tief eingehauenen Schriftzügen' eingeritzt. Mit der üblichen Floskel VSLM gab er die Einlösung eines Gelübdes bekannt.
Der Name der Göttinnen lautet Matronae Tummaestae. Im Fundbericht von 1897 heißt es dazu: "Der Name der Matronen ist neu. Daß er einen topischen Charakter hat, wird wohl niemand nach dem Stande der Forschung über die Bedeutung der Matronennamen mehr in Zweifel ziehen, wenngleich es auch noch nicht hat gelingen wollen, für alle bis jetzt bekannten Beinamen den jedesmal zu Grund liegenden Ortsnamen überzeugend nachzuweisen. Für den Ursprung dieses Namens mag es vielleicht nicht unnütz sein, an den in der Umgebung des Fundortes liegenden Ort Thum zu erinnern, an dem eine... nach Zülpich führende römische Straße vorbeiging."[24] Mündliche Überlieferungen berichten, daß einst die Tummaestae ihr Heiligtum an der Stelle der Thumer Dorfkirche hatten.
In Thum bei Nideggen (Kreis Düren) werden -wie bereits beschrieben- die drei heiligen Jungfrauen Fides, Spes und Caritas verehrt. Ihre Statuen stehen in der dortigen Kirche. Thum war ein beliebter Wallfahrtsort. Selbst weit aus der Eifel kamen die Menschen betend zu diesem alten Ort der Göttinnen und Heiligen, um dort Hilfe oder Heilung zu finden. Bis heute werden die drei heiligen Jungfrauen von kinderlosen Eheleuten um Kindersegen gebeten. Bei

Kinderkrankheiten können sie genauso helfen wie bei Viehseuchen. Früher wurden die heiligen Jungfrauen um Hilfe angerufen, wenn kranke Kinder im Todeskampf lagen.

Reich ist der Legendenschatz von Thum. In einer Überlieferung wird die Entstehung des Drei-Jungfrauen-Kults wie folgt erzählt: "Einst herrschte in Thum und der ganzen Umgegend eine pestartige Krankheit unter dem Vieh. Da erschienen in Thum drei unbekannte Jungfrauen. Sie wanderten bis Ginnick zum 'Kruschen Boom' (krauser Baum) und kehrten wieder nach Thum zurück. Die Krankheit ließ nach. Woher die drei kamen und wohin sie sich später wandten, weiß man nicht. Da baute man zu Ehren der drei Jungfrauen in Thum eine Kapelle und stellte die Statuen am Altare auf. Viele gehen dorthin wallfahren. Auf dem Wege, den die drei gewandert sind, der Kommefue (Kommefurche), wächst weder Gras noch Unkraut. Der 'Krusche Boom' befand sich zwischen Froitzheim und Ginnick; er war mehrere Stunden weit sichtbar. In den 70er Jahren (1870) wurde er von einem großen Sturm umgerissen."[25] Die Heiligen sollen am 3. Juli nach Thum gekommen sein, so wird das Namensfest der Heiligen an diesem Tage, bzw. am ersten Sonntag im Juli gefeiert.

Ein anderes Mal herrschte in Thum eine Seuche, an der viele Menschen starben. In der großen Not trug man die Statuen der drei Jungfrauen durchs Dorf. Von diesem Tag an ließ die Seuche nach. Zum Gedenken hat man bis vor Jahren einmal jährlich die Heiligenstatuen in einer Prozession durch das Dorf getragen.

Von den Heilkräften der heiligen Fides, Spes und Caritas erzählte man auch in den Dörfern Rath und Leversbach: "Wenn hier Kinder krank wurden, so schickte man drei Mädchen nach Thum, damit sie zu den heiligen Jungfrauen beteten. Es mußten aber nach alter Sitte jedesmal drei sein und dazu unschuldige Jungfrauen. Das Fest der drei Jungfrauen war der erste Sonntag im Juli; dann kamen die Mädchen in ganzen Scharen dorthin gewallfahret."

Neben dem 'Kruschen Boom' nennt die erste Erzählung den Weg 'Kommefue', der auf einen alten Pilgerweg (von Köln?) hinweist. Er kommt auch in folgender Legende vor: "Die Reliquien der heiligen drei Jungfrauen, die in

Rom als Märtyrinnen den Tod erlitten hatten, sind von Köln auf einem Wagen, der von zwei Schimmeln gezogen wurde, durch die 'Kommefue' nach Thum gekommen. An der Kirche zu Thum blieben die Tiere stehen. Nachdem man nun die Reliquien in der Kirche untergebracht hatte, drehten sich die Pferde um und fuhren fort, wohin, das weiß niemand. Die 'Kommefue' war ein alter Weg, der sich heute nur durch den niedrigen Fruchtaufwuchs im Felde kenntlich macht."[26] Aus dieser Legende kann man einen Hinweis auf frühere Wegegöttinnen herauslesen.

Auch folgende Erzählung nennt den alten Weg: "Die fromme Legende will wissen, die heiligen drei Jungfrauen hätten einst nach Köln gebracht werden sollen, aber der vorgespannte Schimmel sei wieder von selbst gen Thum umgekehrt und zwar auf dem Wege, der 'Komm-Furche' (Komme-Fue) genannt wird. Dieser Weg ist eine uralte, vordeutsche Straße."[27]

Wie am Beispiel Nettersheim und Zingsheim 'Aufaniae und Fachinehae' aufgezeigt, fällt bei den tummaestischen Matronen die Silbe 'tum' auf, die bei den im nahen Floisdorf verehrten Matronen Textumeis als zweite Silbe auftaucht. Auch hier kann diese Silbe auf ein angrenzendes, nachbarliches Schutzgebiet der Matronen hinweisen, das vielleicht ebenfalls mit Thum zu tun hat.

Floisdorf: Die südlich Wohnenden

Das Dorf Floisdorf gehört zur Stadt Mechernich. Die Funde der beiden folgenden Matronensteine dürften aber wohl noch dem Zülpicher Gebiet zugehörig sein. Von der Fundstelle am Tötschberg hat man einen weiten Blick über das ganze Zülpicher Land.

Im Frühjahr 1856 wurden 'nordwestlich des Dorfes Floisdorf und nur einige Minuten davon entfernt auf der nach Berg streichenden Höhe' (Osthang des Tötschberges) mehrere Gräber aufgedeckt. Die Grabbeigaben wurden von den Findern beschädigt, darunter auch der Schmuck aus einem Frauengrab. Einen silbernen Halsreifen hatten vier Arbeiter unter sich aufgeteilt. Wie eine

Rekonstruktion ergab, bestand die Kette aus mehreren silbernen Stäbchen, die miteinander verbunden waren: "Die einzelnen Stäbchen sind so gebildet, daß von einem in der Mitte befindlichen rautenförmigen Knotenpunkte nach beiden Seiten hin zwei Drähte auslaufen, von denen der eine um den andern gedreht wurde, und die sich an beiden Seiten zu einem Auge vereinigten."[28]
In der Nähe des Handgelenkes des Skeletts lagen Perlen und Korallen aus Ton, die auf einen Armschmuck schließen ließen.
Die Gräber waren aus großen Sandsteinplatten zusammengesetzt. Eine solche Platte (81 cm hoch, 58 cm breit, 12 cm dick) war ein Inschriftenstein, der eine Weihung an die textumehischen Matronen enthielt. Die Schrift zeigte zum Grabesinneren. Drei Stifter mit gemeinsamem Familiennamen, vielleicht Geschwister, waren genannt: Tertinius Similis, Tertinius Secundus, Tertinia Lella (Ihm Nr. 292, Lehner Nr. 344). Die beiden Seitenflächen waren je mit einem Lorbeerzweig geziert.
Reste eines Weihesteins an diese Göttinnen fand man wie bereits erwähnt in Zülpich. Einen anderen Stein der gleichen Göttinnen entdeckte man 1850 in Soller 'auf dem sogenannten Dinsel in einem Grabe' (Lehner Nr. 343). Auf der linken Schmalseite war ein dreibeiniges Tischchen eingemeißelt, auf dem eine schlanke einhenklige Kanne stand, darüber undeutliche Früchte oder Blumen.
Der Matronenname Textumehae ist germanisch und auch ihm wird die Stellenbezeichnung einer Siedlung zugrunde gelegt. Die textumehischen Matronen werden als Göttinnen gesehen, die 'die südlich Wohnenden' beschützten, also die Menschen die südlich von Zülpich oder aber südöstlich von Thum angesiedelt waren.
An der gleichen Stelle am Tötschberg bei Floisdorf wurde wenig später ein weiterer Matronenstein freigelegt. Die Schrift war verwittert. Man ergänzte wie folgt: Matronis Abiamar C. Julia Procula SLM (Ihm Nr. 293). Der Altertumsforscher Eick sah in dem Matronenbeinamen einen Bezug zur Achermer Mühle zwischen Floisdorf und Bürvenich.[29]
1944 stieß man westlich des Tötschbergs, nördlich des Dorfes Berg, beim Ausheben von Schützengräben auf einen fränkischen Bestattungsplatz.

Nachgrabungen im Jahr 1947 legten elf Gräber frei. Bei einem Grab fand sich das Bruchstück eines Matronensteins, auf dem eine Opferszene mit zwei Männern vor einem Altar dargestellt ist.[30]
1950 wurde am östlichen Abhang des Tötschberges beim Pflügen ein Steinplattengrab angeschnitten und entfernt. Ein Hinweis auf einen Matronenstein fand sich nicht.[31]
1991 wurde erneut in Floisdorf gegraben: "Aufgrund einer Raubgrabung, die dem Fachamt aus dem Ortsteil Floisdorf bekannt geworden war, wurde ein fränkisches Steinplattengrab freigelegt sowie 17 Schürflöcher auf dem bekannten Gräberfeld zwischen Floisdorf und Schwerfen am Irnicher Berg eingemessen. Auf dem ersten Planum des Plattengrabes lagen die teilweise zerbrochenen Teile von ursprünglich vier Abdeckplatten aus Buntsandsteinen, die von den Raubgräbern zurückgebracht worden waren. Darunter kam das ausgeräumte Grab zum Vorschein."[32] Matronensteine fand man nicht; ob Weihesteine jedoch vorher beiseite geschafft wurden, blieb unklar.

Am sogenannten 'Jufferepötzche' (Jufferbrunnen) an der Berger Burg, am Fuße des Tötschbergs, geisterten nachts die Juffern. Oftmals wuschen sie dort ihre Kleidung. Ein weißes Tuch 'zoppten' sie immer wieder ins Wasser. Selbst dem Pfarrer des Ortes, der den Glauben an die Juffern 'niederhalten' wollte, sah schließlich die Juffern und mußte zugeben, daß die Frauen am Jufferepötzche bei Floisdorf ihr angestammtes Matronen-Zuhause haben und hier augenscheinlich ihr Element Wasser nutzen und hüten.

Merzenich: Die chuchenehischen Matronen

Der Name Merzenich weist in die gallo-römische Zeit. Er stammt von Marciniacum=Gutshof des Marcinius. In Merzenich, das sich in den letzten Jahren einen Namen durch seine schönen Obstwiesen gemacht hat, fand man 1910 als Steinumstellung von Gräbern zwei Weiheinschriften an die chuchenehischen Matronen, die im Gegensatz zu den Zülpicher Matronen dieses

Namens mit ‘Ch’ beginnen. Die Fundstelle liegt am nordöstlichen Ortsrand von Merzenich in der Nähe der alten Römerstraße (südlich der Höhe 180,0).[33] Einmal handelt es sich um eine vollständig erhaltene rechteckige Platte mit einer Inschrift, nach der Tutus Verancius Amandus ein den Göttinnen gegebenes Gelübde einlöste (Lehner Nr. 324). Ein weiterer Fund bestand aus drei Bruchstücken einer rechteckigen Platte. Der Name der Göttinnen ist hier Chuhenehis geschrieben (Lehner Nr. 325). Lehner kommentierte 1918 ganz allgemein: “Die Schreibung der Matronennamen ist überhaupt sehr schwankend.” Zusätzlich wurde ein durchgesägtes linkes Seitenstück eines Altars mit halbiertem Akanthusblattwerk an der Schmalseite entdeckt (Lehner Nr. 531).

Der Name C(h)uchenehis verleitete dazu, den Namen dieser Göttinnen mit dem Ort Kuchenheim in Verbindung zu sehen. Die weite Entfernung von Zülpich und Merzenich zu diesem Ort bei Euskirchen (ca. 15 Kilometer) spricht jedoch gegen eine solche Assoziation. So hielt man schon eher eine Zuordnung zu dem 5 km nördlich von Zülpich gelegenen Ort Geich (Gaiacum) für gerechtfertigt. Als Sinname fand man das germanische Wort hauha=hoch, wonach die c(h)uchenehischen Matronen die ‘Hochmögenden’ wären.

Mit diesen Angaben von Merzenich findet die Zusammenstellung der Matronen-Weihesteine von Zülpich und Umgebung ihren Abschluß. Da für das Verstehen des Matronenkults auch die Verehrungsplätze wichtig sind, wurden die Fundstellen möglichst genau beschrieben. Vielleicht werden LeserInnen dadurch angeregt, auf Matronenpfaden durch das wunderschöne Zülpicher Land zu wandern.

Quellenangaben: Das Zülpicher Land

1 Vgl. Max Ihm: Der Mütter- oder Matronenkultus und seine Denkmäler, in: BJ 83, 1897, Seite 1-200

2 Oberpfarrer H. Nagelschmitt: Zülpich unter römischer Herrschaft, Vortrag vom 22. 10. 1844, in: BJ 44, 1885, Seite 131

3 C. A. Eick: Die römische Wasserleitung aus der Eifel nach Köln, Bonn 1867, Seite 98, Anmerkung 1

4 Oberpfarrer Heinrich Nagelschmitt: Zülpich unter römischer Herrschaft, in: Zülpicher Zeitung vom 28. 1. 1909

5 Vgl. Waldemar Haberey: Spätrömische und frühmittelalterliche Gräber an der Römerallee in Zülpich, in: BJ 157, 1957, Seite 309

6 Oberpfarrer Heinrich Nagelschmitt: Zülpich unter römischer Herrschaft, in: Zülpicher Zeitung vom 5.12.1908, Seite 20

7 Vgl. Sophie Lange: Wohin mit 'unnützen' Witwen und 'überzähligen' Töchtern?, in: Kreis Euskirchen Jahrbuch 1990, Seite 56

8 Vgl. Josef Klinkenberg: Zwei Matronensteine aus Hoven bei Zülpich, in: BJ 89, 1890, Seite 231

9 Dr. Klinkenberg: Weihinschrift aus Hoven bei Zülpich, in: BJ 87, 1889, Seite 913

10 Vgl. Gerhard Bauchhenß: Das Götzenbild des Bacchus aus Kloster Hoven, in: Kreis Euskirchen Jahrbuch 1990, Seite 102

11 A. Eick: Matronensteine aus Geich und Zülpich, in: BJ 22, 1855, Seite 131

12 Gottfried Henßen: Sagen, Märchen und Schwänke des Jülicher Landes, Bonn 1955, Seite 144/145, Nr. 248 a-c

13 Vgl. J. Freudenberg: Neue Matronensteine und andere Inschriften, in: BJ 33/34, 1863, Seite 192

14 Peter Simons: Oberelvenich, Geschichte des Ortes von den ältesten Zeiten bis auf die Gegenwart, Euskirchen 1937, Seite 5

15 Peter Simons: Geschichte der Jülich'schen Unterherrschaft Bollheim, umfassend die Orte Ober-Elvenich, Frauenberg, Rövenich und Lüssem, Euskirchen 1907, Seite 4

16 Professor Hürten in Münstereifel: Die Matronenverehrung in der Eifel zur Zeit der Kelten, in: Eifelvereinsblatt Februar 1917, Seite 22

17 P.Simons: Rövenich, Geschichte der Zivil- und Pfarrgemeinde, in: Unsere Heimat, Beilage zum Euskirchener Volksblatt, 1.8.1929, Seite 83

18 Josef Pohl: Römischer Matronenstein zu Enzen, in: BJ 57, 1875, Seite 83

19 Vgl. Ursula Heimberg: Ein spätrömischer Sarkophag aus Zülpich-Enzen, in: Ausgrabungen im Rheinland 1978, Rheinisches Landesmuseum Bonn, 1978, Seite 90

20 Ausgrabungen und Funde, in: BJ 184, 1984, Seite 626

21 Vgl. F. J. Habitz: Lövenich,
in: Unsere Heimat im Wandel der Zeiten, 11.2.1962

22 Vgl. Pfarrer Johann Peter Zaun: Geschichte der Pfarre Lövenich bei Zülpich sowie der Burgen Linzenich, Lövenich und Dürfenthal, Köln 1895, Seite 104

23 Robert Maercks: Die Herrschaft Sinzenich,
in: Sinzenich-Sentiacum, 1990, Seite 60

24 Klein: Matronenstein aus Sinzenich, in: BJ 101, 1897, Seite 184

25 Henßen a.a.O. Nr 298f (weiter 298 b zitiert)

26 Heinrich Hoffmann: Zur Volkskunde des Jülicher Landes,
Eschweiler 1911, Seite 45, Nr. 109

27 Dr. Franz Cramer: Römischer Matronenkultus im Spiegel der Volksübelieferung,
in: Eifelkalender 1936, Seite 31

28 A. Eick: Matronensteine aus Zülpich und Floisdorf, in: BJ 23, 1856, Seite 73

29 Vgl. A. Eick: Neue Inschriften aus Floisdorf und Zingsheim, in: BJ 24, 1857, Seite 33

30 Vgl. BJ 149, 1949, Seite 354

31 Vgl. Haberey: Floisdorf, in: BJ 150, 1950, Seite 157

32 P. Tutlies: Fränkische Zeit, Mechernich, Kreis Euskirchen,
in: BJ 192, 1992, Seite 403

33 Vgl. Alfred Wolber: Römerstraßen im Kreis Euskirchen,
in: Kreis Euskirchen Jahrbuch 1975, Seite 42

Weitere benutzte Literatur zu Zülpicher Land:

Dr. Paul Heusgen: Das Dekanat Zülpich, Siegburg 1958

Heribert von der Broeck: 2000 Jahre Zülpich, Zülpich 1968

Dr. Ursula Heimberg: Zülpich in römischer Zeit, in: Zülpich 1450 Jahrfeier,
Zülpich 1981, Seite 29-40

Zülpich, Wander- und Kulturführer, 1992

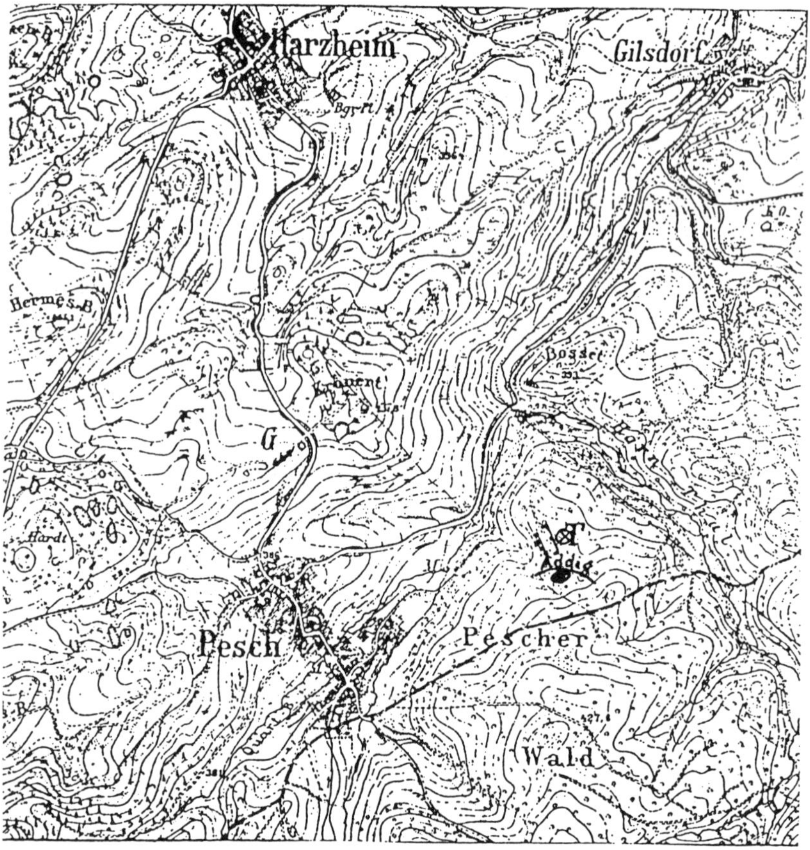

x) Lage des 'Heidentempels' auf dem Addig bei Pesch (nach Lehner)

Pesch/Nöthen und das 'Vacalli'-Gebiet

Ein beliebtes Ziel von Wanderern und 'Bildungstouristen' ist der 'Heidentempel' bei Pesch/Nöthen. Der Besucherstrom setzte bereits zur Zeit der Ausgrabung von 1913-1918 ein und hat bis heute nicht nachgelassen. Beeindruckend sind nicht nur die landschaftliche Lage und die Atmosphäre des lichten Hains auf dem 'Addig', sondern auch die Baureste, welche die Pracht der einstigen Tempel vorstellbar machen. "Ein kleines Pompeji in den Eifelbergen!"[1] schwärmte Matronenforscher Franz Cramer, als er 1923 mit 'Freund Hürten' (Münstereifel) die Anlage besuchte.

Der Addig liegt in der Mitte von vier Kuppen: dem Bosset (393 m) im Norden, dem Hondert (488 m) im Süden, dem Kronert (437 m) im Nordwesten und dem Steinbüchel (455 m) im Osten. Während die Anhöhe des Addigs nach Nordost sanft in das Hornbachtal übergeht, fällt sie nach Westen steil ab. Der mündlichen Überlieferung zufolge ist es in der Schlucht unterhalb des Tempelbezirks nicht ganz geheuer. Besonders bei Dunkelheit soll man dieses 'Düwelsloch' meiden. Oberhalb dieser verrufenen Stelle soll einst ein Hexentanzplatz gewesen sein. Wie die Görresburg in Nettersheim, so liegt auch der Addig in Pesch in einem Delta. Wespelbach und Hornbach vereinen sich im Westen (Parkplatz Hornbachtal) und fließen als Eschweiler Bach in nordöstliche Richtung weiter.

200 m südöstlich der Tempelanlage lief die alte Römerstraße nach Köln vorbei. Gebäudespuren deuten auf eine frühe Besiedlung der Umgebung des Addigs hin. Spätrömische Plattensärge entdeckte man 1908 auf dem Hügel 'Kronert'. Umstellt waren die Skelettgräber mit großen Sand- und Kalksteinplatten, die aus zertrümmerten älteren Grabdenkmälern und Altären hergestellt waren. Eine Grabplatte war Agramiano geweiht, anscheinend ein lokaler Schutzgott. Andere Steinbrocken zeigten stark verwitterte Portraitdarstellungen und Inschriftenreste. 1982 wurde am Hirnberg bei Nöthen ein Steinplattengrab freigelegt. Skulptierungen oder Schriftreste ließen sich jedoch nicht nachweisen.[2]

Der 'Heidentempel' zwischen Pesch und Nöthen

Bei der Ausgrabung wurde die Verehrungsstätte auf dem Addig 'Heidentempel Pesch' benannt. Heute gehört das Gelände nicht zu Pesch (Gemeinde Nettersheim), sondern zu Nöthen und damit zum Gebiet der Stadt Bad Münstereifel. Die Bezeichnung 'Pescher Heidentempel' ist aber noch allgemein üblich. In der Volksüberlieferung hatten sich die Bezeichnungen 'Heidentempel' und 'Heidenpützchen' (Brunnen) erhalten. Diese Namen können ein altes Wissen von einer heidnischen Kultstätte bewahrt haben, das 1600 Jahre hindurch weitergegeben wurde, können aber auch erst durch Funde entstanden sein, denn man war bereits mehrmals auf dem Addig auf Ruinen und Bildnissteine gestoßen. Man ist sich sicher, daß die schönsten Denkmäler des Heidentempels vor 1900 von 'egoistischen Privatsammlern' gefunden und von 'gewissenlosen Kunsthändlern' verkauft wurden. In dieser Beziehung stand die Ausgrabung von 1913-1918 unter einem guten Stern, denn 1914 wurde ein Gesetz verabschiedet, das die Meldung aller kulturgeschichtlichen Bodenfunde zur Pflicht machte.[3]
Schriftlich wurde erstmals 1882 über Funde berichtet: "Zwischen Gilsdorf und Pesch, auf der Ostseite des Eschweiler- und der Südseite des Hornbachs, Distrikt 'am Heidenpützchen', sind vor sechs bis sieben Jahren unterirdische Gewölbe, Sandsteinplatten mit eingehauenen Figuren von Götzen(?) und ein teilweise verschütteter Brunnen entdeckt worden. Die Sandsteinplatten -von Herrn Lehrer Parsch zu Noethen gesehen- haben später als Baumaterial Verwendung gefunden. Das Ganze lag auf der Spitze des Berges 'Heidenpützchen'. Der Brunnen und die Ruinen waren längst bekannt."[4]
Eine nächste Mitteilung ist 1895 veröffentlicht: "Bei einer mit dem Pfarrer Franken von Pesch auf dem Kirchenstück am 'Heidenpütz' (Heidentempel) vorgenommenen Grabung haben wir noch einen Raum vollständig erhalten gefunden, im nahen Walde aber viele Steine mit schönen Profilen in weißem und rotem Sandstein, auch noch ein Stück Inschrift, größer, aber nicht so gut erhalten, wie das, was ich im vorigen Jahr fand."[5]

Im April 1913 begann das Landesmuseum mit der Ausgrabung der Tempelanlage, die nach einigen, durch die Kriegsjahre bedingten Unterbrechungen 1918 abgeschlossen wurde. Grabungsleiter war wieder Hans Lehner. Als er nach 1930 auch in Bonn die Sicherstellung von Matronensteinen leitete, sprach man dem Museumsdirektor folgendermaßen Dank aus: "Er ist zu den 'Müttern' hinabgestiegen, hat sie aus dem Dunkel ihrer jahrhundertelangen Haft befreit, und wieder in das ihnen vertrautere Tageslicht gestellt."[6]
In Pesch wurden unzählige Belege der Vergangenheit aus der 'jahrhundertelangen Haft' befreit, so zum Beispiel unterschiedliche Gegenstände aus Metall, Bronze, Eisen, Blei, Glas, Sigilata, Weißkeramik sowie 67 Münzen (vorwiegend 4. Jahrhundert). An rauhwandigem Geschirr wurden Töpfe, Schüsseln, Teller, Krüge und Kannen sichergestellt. An Architekturresten legten die Archäologen Bruchstücke und Basen toskanischer Säulen, Kapitellreste und Gesimsstücke frei. Weiter fand man eine in viele Stücke zerschlagene Jupiterstatue, ein Fragment einer Baumdarstellung mit Schlange und ein stark beschädigtes Weiherelief an Kybele, der Mater Magna der Mysterienkulte. Mehrere große Bruchstücke wiesen auf Freiskulpturen hin: Sandsteinfigur eines Adlers, Lorbeerkranz (beide wahrscheinlich zu Jupiter gehörend), Füllhoren und ein Delphin. Reste von lebensgroßen Statuen, die man einer Freigruppe der Matronen zuordnete, bestanden aus Kopfteilen mit großen Hauben (37 cm) und einem Fragment mit wallenden Locken (Mittelfigur). Hier gab es also Beweisstücke eines Tempel-Kultbildes, nach welchem man in Nettersheim vergeblich gesucht hatte. Den größten Teil des Fundmaterials machten jedoch Bruchstücke von Matronen-Votivsteinen aus. 1918 nannte Lehner 174 Bruchstück von Matronensteinen aus Pesch (Lehner Nr. 348-504 + 18 Nachträge), die er 'wieder in das ihnen vertrautere Tageslicht' zurückholte. Inzwischen ist von 300 Fragmenten die Rede, eine hohe Zahl, welche die Bedeutung des Tempels bescheinigt.
Die Weihungen nennen ausschließlich die Matronae Vacallinehae, so daß als sicher gelten kann, daß der Tempel diesen Göttinnen geweiht war, wenn auch gleichzeitig andere Gottheiten (Kybele, Jupiter) verehrt wurden. Die Weihedenkmäler wurden zwischen 150 und 250 n. Chr. in dem Heiligtum

aufgestellt, also zu der Zeit, in der die Steinsetzung allgemein in Mode war. Alle Funde zeigen, daß der Tempel nicht wie in Nettersheim im Laufe der Jahrhundert verfallen war, sondern daß er gewaltsam zerstört wurde.
Die Matronendarstellungen und die Attribute haben die bekannte Form: Gemeinsam sitzen die Dreiergöttinnen auf einer Bank. Zwei Matronen beschirmen eine jugendliche Göttin in ihrer Mitte. Äpfel und Birnen sind häufige Opfergaben. Baumdarstellungen auf den Matronensteinen weisen auf die Bedeutung des Lebenbaums und auf die Herkunft der Matronen aus keltischer Zeit hin.
Auch die Stiftungen sind in der üblichen Art abgefaßt. Circa 60 Stifternamen konnten gelesen werden. Die Dedikanten sind keine Legionäre, sondern 'Bauern aus der Umgegend, vermutlich alle oder die meisten aus dem zugehörigen Vicus stammend'. Einige Altarsteine sind von Frauen mit folgenden wohlklingenden Namen gestiftet: Flaccinia Lefa, Attilia Amada, Cornelia Justina, Rumilia Junia, Lella, Amma, Priga und Aiva. Die Namen sind teils keltisch, teils römisch. So trägt Flaccinia Lefa sowohl einen römischen (Flaccinia) als einen keltischen Namen (Lefa). Sie hatte den Stein auf Geheiß der Göttinnen gesetzt, die ihr die Anweisung in einer Trance oder in einem Traum gegeben haben mag (Lehner Nr. 348).
Wahrscheinlich aus dem Heidentempel auf dem Addig stammt ein bruchstückhafter Votivstein, den man 1912 in der Bachmauer der Erft in Münstereifel (Wertherstraße) fand. Aus der Inschrift war nur zu entziffern, daß ein Beneficiarier namens Albinus für sich und die Seinen diesen Altar geweiht hatte. Auch der 'entweihte Weihestein', den man in der Pfarrkirche von Weyer fand (s. dort), wird seinen angestammten Platz im Heidentempel Pesch/Nöthen gehabt haben.
Im nahe bei Münstereifel gelegenen Iversheim scheinen die Vacallinehae nur wenig bekannt gewesen zu sein. Man entdeckte nur einen einzigen Matronenstein dieser Göttinnen. Die bei der Freilegung der dortigen römischen Kalkbrennerei gefundenen Altarsteine waren für Minerva, für eine germanischen Göttin namens Hluthena, für Jupiter und für den Genius des Ortes aufgestellt worden.

Vom Baumheiligtum zur Prachtanlage

Bei der Freilegung des Heidentempels auf dem Addig stellten die Archäologen drei Bauperioden fest, die Hans Lehner in seinem Ausgrabungsbericht von 1919 detailliert beschrieben hat.[7] Der Tempelbezirk von Pesch ist wahrscheinlich auf ein Baumheiligtum zurückzuführen, das durch Steinbauten eine Wandlung erfuhr.

Die erste Bauphase

Aus der ersten Bauphase, die man an Hand einer gefundenen Fibel auf die erste oder zweite Hälfte des 2. Jahrhunderts n. Chr. datiert, legten die Archäologen eine rechteckige Einfriedung (G) frei, die man auf eine Länge von 84 m und auf eine Breite von 49 m errechnete. In der Mitte dieses umfriedeten Terrains lag ein Mauerrechteck (A), das 22,75 bzw. 21,95 m lang und 13,45 bzw. 13,55 m breit war. Es gab keinen künstlichen Fußboden und keinen Hinweis auf eine Überdachung, so daß diese ummauerte Fläche als offener Hofraum zur Aufstellung von Weihedenkmälern gedient haben mag. Ankommende Pilger konnten sich hier niederlassen.

Der ersten Bauphase ordnete man einen ebenerdigen, überdachten Quadratbau von 6,50 m Seitenlänge zu. Er hatte die typische Form gallo-römischer Tempelbauten. Dort werden die Matronen ihre Verehrungsstätte gehabt haben. Hatte Lehner noch in Nettersheim ein eventuelles Kultbild an die Hinterwand der Cella plaziert, so kam er jetzt durch Vergleich mit anderen Tempelbauten zu dem Schluß, daß dieses Göttinnen-Abbild 'in der Mitte der Cella oder wenigstens annähernd in der Mitte' seinen Platz gehabt hatte.

Gleiche Ausrichtung der Mauerzüge der Cella wies ein ähnlicher etwas nach Westen zurückliegender Quadratbau (K) auf, der eine Seitenlänge von 8,86 m hatte. Die 40 cm starken Mauern waren -wie auch anderes Mauerwerk- aus bräunlichen Nöthener Sandsteinen gebaut. Die natürliche Erde diente als Fußboden. Diese beiden Quadratcellen werden als eigentliche Tempel aus dem 1. Jahrhundert gesehen. Heilige Bäume als Vorläufer der steinernen Tempel müßten an diesen Stellen gestanden haben.

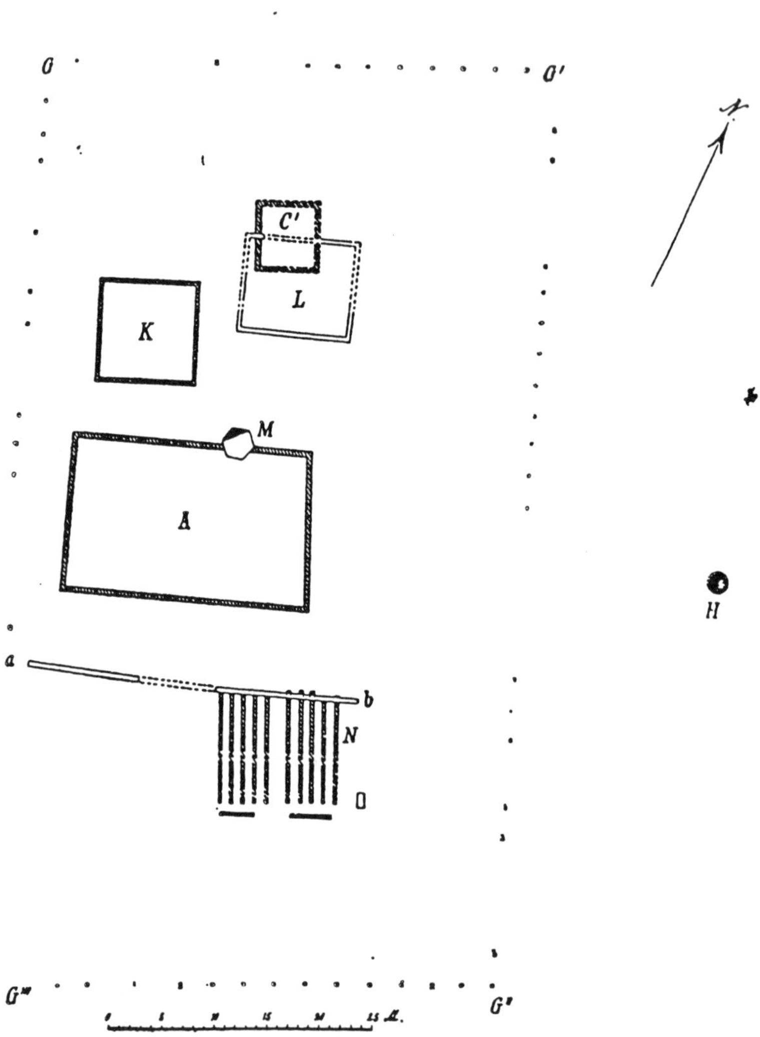

Tempelbezirk bei Pesch. Erste und zweite Bauperiode (nach Lehner)

‘Merkwürdige Reste’ eines Gebäudes (N) wiesen zehn Parallelmäuerchen auf, die südlich durch eine Mauer begrenzt waren. Dieses Gebäude wurde als Getreidemagazin erkannt, in welchem durch unterschiedliches Gemäuer für eine gute Luftzirkulation der gelagerten Körner gesorgt wurde. Daß dieser Bau innerhalb der Tempeleinfriedung lag, mag ein Hinweis sein, wie heilig unseren Vorfahren das Getreide als Nahrungsmittel war und daß Bauten, die wir heute als Profanbauten einstufen, in die Nähe von Gottheiten gerückt wurden.

Auch der Brunnen (H) wird der ersten Bauphase zugeschrieben, denn ‘diese Cisterne lieferte das beim Kultus nötige Wasser’. Der Brunnen hat seinen Platz bei den folgenden Bauphasen beibehalten, lag jedoch zuerst außerhalb des Temenos und wurde später in die Wandelhalle und damit in den Tempelbereich integriert. Es ist die tiefste Stelle des ganzen bebauten Terrains und liegt ziemlich genau gegenüber der Mittes des Hofes und der höchsten Stelle des ganzen Platzes, ‘wo sich also Tagwasser und Grundwasser sammelten’. Die kreisrunde Zisterne hatte 57 bis 58 (47 erhaltene) Schichten je 14 Quadern. Die ganze Tiefe des Steinzylinders betrug 13,38 m. Über Funde in dem Schacht schrieb Lehner: “Der Brunnen wurde mit großer Mühe ganz entleert; er enthielt außer massenhaftem Schlamm und Steinbrocken eine Anzahl allerdings meist sehr verwitterter und unwesentlicher Reste von Altären, Skulptur- und Architekturstücken sowie eine Anzahl Hölzer, die vermutlich vom Oberbau des Brunnens stammen.”

Die zweite Bauphase

Um 200 n. Chr. wurde die Tempelanlage verkleinert. Unverändert blieb die hintere Cella. Die kleine Cella wurde vergrößert und war nun 10 m mal 8,40 m groß. Seltsamerweise wurde sie aber anders orientiert als vorher und hatte nun eine andere Ausrichtung als die hintere Cella. Auch wurde der Quadratbau zu einem Rechteckbau.

Der Hof wurde anscheinend nicht mehr genutzt. Auf seiner nördlichen Linie wurde ein sechseckiges, überdachtes Säulentempelchen (1,69 m Durchmesser) erbaut. Lehner vermutete, daß in diesem freien Monopteros die

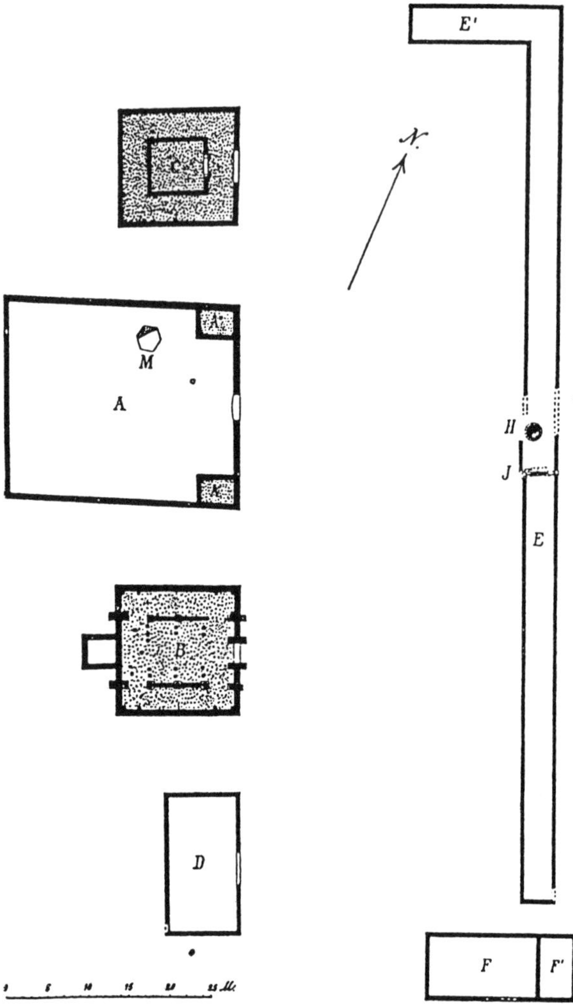

Tempelbezirk bei Pesch. Dritte Bauphase (nach Lehner)

Jupiterstatue ihren Platz hatte und Legionäre dort dem höchsten römischen Gott die schuldige Referenz im Heiligtum der vacallinehischen Ortsgöttinnen erwiesen. Der These wird inzwischen widersprochen: "Eine Deutung des Sechseckbaues als Jupitertempel entbehrt jeder Grundlage. Möglicherweise stand dort in Erinnerung an einen alten Baumkult eine Baumplastik aus Stein."[8] Allerdings entbehrt diese Deutung auch jeder Grundlage.
Während der zweiten Bauphase wurde auch der Getreidespeicher niedergerissen. Eine Mauer, die auf 30 m aufgedeckt werden konnte, grenzte den verkleinerten Tempel nun ein.

Die dritte Bauphase

Nach 330 n. Chr., als das Christentum bereits in den Städten im Umkreis der Eifel Fuß gefaßt hatte, erlebte der bisher eher bäuerlich-ländliche Tempelbezirk eine Blütezeit, die einen großangelegten Tempelbezirk entstehen ließ. Als Anlaß wird für möglich gehalten, "daß im zweiten Viertel des vierten Jahrhunderts Verehrer der alten Götter aus den Städten aufs Land flüchteten, um dort ihre von den Vätern übernommenen Bräuche ungehindert ausüben zu können."[9]
Die dritte Bauphase schuf den Tempelbezirk, wie er sich heute in seinen Grundmauern präsentiert. Voller Enthusiasmus schrieb Lehner: "Die jüngste Bauperiode des Tempelbezirks stellt offenbar dessen Glanzperiode dar. Eine prunkvolle Anlage breitet sich nunmehr auf dem alten geweihten Raum aus, die mit den Resten aus älteren Bauten gründlich aufgeräumt hat... Die ganze Baugruppe ist offenbar nach einheitlichem Plan aus einem Guß entstanden und ist eine mit großem Luxus hergestellte Prachtanlage gewesen."
Die Vergrößerung zur 'Prachtanlage' schloß einen Festplatz von rund 100 Meter Länge und 34 Meter Breite ein, der einen sicheren Beweis liefert, daß der Tempel der vacallinehischen Matronen eine bekannte Wallfahrtsstätte war, die viele Menschen anzog. Innerhalb dieses Platzes wurden vier Gebäude in gleichen Abständen und in 'schnurgerader Fluchtlinie' errichtete. Eine zur Tempelseite offene und zur Außenseite geschlossene, steinerne, 120 m lange und 3 m breite Wandelhalle an der Ostseite und teilweise an der Nord-

seite wird als Einfriedung gegolten haben denn sicher verzichtete man nicht auf eine 'Abschließung des Temenos gegenüber der profanen Außenwelt'. Diese Wandelhalle gewährte den Pilgern Schutz vor Sturm und Regen, kann aber auch zum 'Wandeln' benutzt worden sein, wobei man das heilbringende Quellwasser trank und sich auf die Begegnung mit den göttlichen Mächten vorbereitete. Heute ist dieser Wandelgang durch eine Heckenbepflanzung kenntlich gemacht.

Wie sich zeigt, wurde die geänderte Cella der zweiten Bauphase bei der Errichtung der 'Prachtanlage' abgerissen und -nach 130 Jahren- in Quadratform wieder auf dem ursprünglichen (heiligen?) Platz neu gebaut, jetzt aber vergrößert und von Umgangsmauern mit Säulen umgeben. Bei der Auffindung der Cella aus der dritten Bauphase zeigten sich erhebliche Reste von farbigem, rot-schwarzem Innenverputz. Der Boden war mit einer Mörtelschicht bedeckt. Die mächtige Steinschwelle, die den Zugang zum Tempel markierte, maß eine Breite von 3,60 m. In dieser Größe zeigt sich die Bedeutung der Schwelle, über die man nur nach einer rituellen Reinigung -ohne Schwellenangst- schreiten durfte, um das Heiligtum zu betreten.

Der Platz des alten Hofs wurde in vergrößerter Form wieder als solcher genutzt. Die meisten Matronensteine wurden in diesem Hof gefunden. In der Mauer, die den Hof einzäunte, waren Inschriftensteine von den früheren Bauphasen eingebaut. Diese sind noch die best erhaltenen Weihesteine des Pescher Tempels. Einer dieser Inschriftenstein (Matronis Vacallinihis Atilia Amada VS) ist als Kopie im Heimatmuseum in Münstereifel ausgestellt (Lehner Nr. 355).

Auch fand man ein Fragment 'Matrone mit Kind', das viel Diskussionsstoff lieferte (Lehner Nr. 458). Man glaubte darin einen Beweis zu sehen, daß die Matronen als Mütter für Kindersegen zuständig seien. Da ähnliche Mütter-Darstellungen jedoch nicht bekannt geworden sind, sieht man die Frauen-Figur nun nicht mehr als Göttin, sondern als eine opfernde ubische Mutter in entsprechender Tracht.

Einen Zufallsfund machte man noch um 1960, als man bei Erhaltungsarbeiten an den Mauern zwei kleine, etwa 50 cm hohe Matronensteine fand. Der

eine, sehr gut erhaltene Weihestein trug die Inschrift: Matronis Vacalinehabus M. Bassianus Atticus VSLM.[10]
In der nordöstlichen und südöstlichen Ecke der Hofanlage wurden bei der Ausgrabung zwei kleine, mit einem Dach geschützte, abschließbare Kammern (A' und A") freigelegt, die "der Aufbewahrung kleiner Votive und anderen Tempelschätzen vorbehalten waren."[11] Zu Handquadern zurecht gehauene Inschriftenreste, die alle die Matronae Vacallinehae nannten, hatten als Baumaterial gedient. Das sechseckige Säulen-Tempelchen blieb wahrscheinlich bestehen, lag aber nunmehr innerhalb des Hofes.
Bei einem weiteren, nach Süden gelegenen Bau (D) ließen schwache Fundamentierung und geringer Bauschutt auf einen Fachwerk- oder Holzbau schließen. Lehner sah diesen Raum als Schuppen, 'in welchem irgendwelche beim Kultus notwendige Gerätschaften aufbewahrt wurden'. Brandasche und eine fast quadratische Steinsetzung mit drei geschlossenen Seiten ließen einen Herd oder Brandaltar vermuten.
In der südlichen Ecke der Wandelhalle fand sich noch ein Gebäude, das in einen kleinen und größeren Raum (F, F') unterteilt war. Es kann dem Tempelhüter als Wohnung gedient haben. In dem größeren Raum wurden im Bauschutt zwei Matronen-Inschriftensteine gefunden, die einigermaßen gut erhalten waren und dank 'geschicklicher Arbeit der Bonner Museumsverwaltung' wieder zusammengesetzt werden konnten. Zum einen handelt es sich um den bereits genannten Weihealtar der Flaccinia Lefa, zum anderen um einen Inschriftenstein, der den Vacallinehis Leudinis von Albanus Venneni filius et Priga als Dank gesetzt worden war (Lehner Nr. 364).
Die Cella (K) zwischen dem Matronenraum und der Hofanlage fiel dem Neubau zum Opfer. Dafür wurde ein neuer, prunkvoller Tempel (B) erbaut, der bei der Ausgrabung großes Interesse weckte, denn man war im Ubiergebiet innerhalb eines Tempelbezirkes noch nie auf eine solche 'Kirche' gestoßen (Tafel VI, unten). Das quadratische Gebäude (13,65 m Ausdehnung) war durch zwei Reihen von je drei Säulen und durch zwei an die Wände gelehnte Halbsäulen in drei Schiffe geteilt, ein breites Mittelschiff und zwei schmale Seitenschiffe. Dem 2,20 m breiten Eingang gegenüber

wurde an der Westseite eine rechteckige Apsis freigelegt, deren natürlicher Boden 1,20 bis 1,30 m tiefer als der Boden der Basilika lag. Alte Einwohner erzählten den Archäologen von einem Gewölbe, unter welchem sie bei Regen Schutz gesucht hatten. Zur Zeit der Ausgrabung war dieses Gewölbe nicht mehr vorhanden. Lehner kam zu dem Schluß, daß die Apsis aus zwei übereinander liegenden Räumen bestanden hatte, einem tieferliegenden, kellerartigen Raum und einem 'erhöhten Tribunal'. Der kellerartige Hohlraum kann durch eine Falltür von oben zugänglich gewesen sein und der Aufbewahrung von Kultgegenständen gedient haben, aber auch für Riten genutzt worden sein. Im Volksglauben wird er 'Schatzkästchen' oder 'Heidenkeller' bezeichnet.
Da es in der Pescher Basilika Hinweise auf Sitzbänke gab, deutete man diese Festhalle als Versammlungsraum. Von anderen Tempeln war bekannt, daß sich an eigentliche Kultgebäude Bauwerke angliederten, "deren Zweck in mehr oder weniger losem Zusammenhang mit dem eigentlichen Gottesdienst standen... und dem Vergnügen und Behagen größerer Besuchermengen dienten". Neben diesen eher weltlichen Gedanken verfolgte man aber auch die Idee einer religiösen Vesammlungshalle, die zu Nutz und Frommen der Besucher errichtet worden war. Die von Wissenschaftlern vertretene Ansicht, daß der basilikale Bau einem lokalen Männerbund, einer Kurie, als Treffpunkt diente, bleibt weiterhin umstritten, da es keine Belege für diese These gibt. Seltsamerweise empfinden BesucherInnen die Basilika als 'Männerplatz', und tatsächlich streben Männer zielstrebig dorthin und lassen sich auf den Säulenstumpfen oder auf der dortigen Mauer nieder.
Es wurde in Erwägung gezogen, ob die Festhalle einem anderen Kultus geweiht war. Man dachte an die orientalischen Mysterienkulte, die im dritten Jahrhundert im gesamten Rheinland zahlreiche Anhänger gefunden hatten. Das Fragment des Reliefs der phrygischen Göttermutter Kybele, der Magna Mater, nährte diese Hypothese. Lehner: "Daß die Magna Mater mit den Matres sive Matronae sich vertragen haben würde, wäre wohl anzunehmen, wenn auch diese Verbindung inschriftlich bisher durch kein Zeugnis zu belegen ist."

Bei Sicherungsmaßnahmen im September und Oktober 1961 untersuchte man die Basilika nochmals. Neue Erkenntnisse waren mager: "Nach den neuen Ergebnissen wird man sie nicht mehr als Basilika im engeren architekturgeschichtlichen Sinn ansehen, also als Gebäude mit einem überhöhten und durch eigene Fenster beleuchteten Mittelschiff, sondern als Halle mit drei gleichhohen Schiffen. Leider erfüllten sich unsere Hoffnungen auf neue Funde nicht, welche die Zweckbestimmung des eigentümlichen Bauwerks eindeutig erklärten. Also können wir weiterhin nur wegen der Verwandtschaft mit bestimmten vergleichbaren Bauten vermuten, daß die 'Basilika' einst den Anhängern eines Mysterienkultes als Versammlungsraum diente."[12]

Bei der Freilegung der Tempelanlage wurde die Bonner Sternwarte mit einer astronomischen Untersuchung beauftragt. Es wurde festgestellt, daß "der Tempel C und mit ihm die ganze Gebäudeflucht mit seiner Achse nicht genau nach Osten, sondern mehr nach Norden, also ungefähr nacch ONO gerichtet ist. Jedenfalls aber ist die bei antiken Tempeln vorwiegende Richtung des Tempeleingangs nach Osten auch hier beabsichtigt und die Möglichkeit, daß die Abweichung vom genauen Osten auf der Orientierung nach dem Sonnenaufgang eines bestimmten Tages (Festtag der Gottheiten, Gründungstag des Tempels) beruht, nicht ausgeschlossen." Dieser Tag X wurde bisher nicht ausgekundschaftet. Daß man sich jedoch bei Jahreszeitenfesten zum Sonnenaufgang, zum Orient 'orient'ierte, dürfte sicher sein.
Ein wichtiger Tag scheint die Wintersonnwende gewesen zu sein, denn zwei Überlieferungen nennen diesen Zeitraum. So wußten alte Leute, daß in der Christnacht, der angelsächsischen Mütternacht, um 12 Uhr im tiefen Heidenpütz ein Glöcklein läutet. Eine Sage 'Weihnachtsabend am Heidentempel' berichtet von einem Mann, der am Weihnachtsabend von Münstereifel zu seinem 'Heimatdörfchen' Pesch unterwegs ist. Auf der Addighöhe geschieht dann folgendes: "Kaum war er im Wald angelangt, fielen auf einmal graue Nebelschleier in das Gebüsch. Woher sie so plötzlich kamen, war nicht festzustellen. Wer hätte ahnen können, daß die Feen oder Matronen in der Christnacht ein Fest hatten und dann in langen dichten Nebelgewändern

durch ihr Reich schritten." Der Schäfer, der die Sage erzählte, betonte: "Wer die alte Herrlichkeit (des Tempels) noch einmal erleben will, muß in der Weihnacht um mitternächtige Stunde in die Tiefe des Heidenpützes hinabblicken."[13] Auch in dieser Sage erklingen Glocken, diesmal 'aus dem Schoß der Erde, aus einer andern Welt'.

Zerstört wurde der Tempel nach 400 n. Chr. durch "plündernde Germanen oder sendungsbewußte Christen."[14] Die Aggressivität, mit der man ans Werk ging, deutet eher auf einen Glaubenskampf hin als auf eine Plünderung. Die Matronencella wurde durch Brand vernichtet, und auch sonst deuteten Brandspuren auf eine Feuerbrunst hin. Neben der Brandlegung schlug man alles, was aus Stein war, kurz und klein. Daß man nicht nur den Tempelbezirk vernichten, sondern auch die Verehrung der Matronen ausrotten wollte, demonstrieren zahlreiche Köpfchen von Matronen, die aus den Altarbildern herausgeschlagen worden waren.

Wenn der Heidentempel Pesch in seiner letzten Phase wirklich ein Refugium für flüchtende 'Heiden' gewesen ist, so findet die radikale Tempel-Vernichtung eine gewisse Erklärung. Vergessen werden darf nicht, daß besonders die Mysterienkulte erbittert bekämpft wurden. Da die Basilika den geheimen Riten diente, mußte dieser Bau vernichtet werden. Die Zerstörungsorgie wird von einer Heidenverfolgung durch 'sendungsbewußte Christen' begleitet gewesen sein.

Der heute vor der Cella im Heidentempel Nöthen/Pesch aufgestellte Matronenstein ist eine Kopie eines Nettersheimer Aufaniensteins (Tafel VI, oben).

Die Vacalinehae und der Stamm Vacalli

Der Name Vacallinehae ist keltisch. Wie bei anderen Matronenbeinamen, so ist auch bei den Vacallinehae die Schreibweise auf den Weihesteinen unterschiedlich: Vacallineihis, Vocallineihis, Vacalinihis, Vacallinehis. Die letzte Form ist die häufigste. Ob die verschiedenen Benennungen zu unterschiedli-

chen Zeiten gebräuchlich waren, hat sich trotz Nachforschungen einiger Wissenschaftler nicht feststellen lassen. Vielmehr ist man zu dem Schluß gekommen, daß die abweichende Rechtschreibung keine Bedeutung hat.
Den Beinamen dieser Matronen leitet man von einem Stamm namens Vacalli ab, so daß die Vacallinehae die Beschützerinnen eben dieses Stammes wären. Neben dem Heidentempel Pesch/Nöthen wurden Matronensteine in Antweiler, Lessenich und Satzvey gefunden, so daß das Wohngebiet der Vacallis und das Schutzgebiet der vacallinehischen Matronen dadurch genau bestimmt werden kann. Auf zwei Weihesteinen des Heidentempels ist als weiterer Beiname Leudinis belegt. Hier kann es sich um eine Sippe innerhalb der Vacallis oder um Bewohner eines untergegangen Ortes 'Leudium' handeln.
Den Beinamen Vacallinehae übersetzt man mit 'die Hengste fruchtbar Machenden' und schlußfolgert, daß die Pescher Matronen Pferdegöttinnen gewesen seien, wofür es allerdings keine Beweise gibt. Eine andere Deutung ist akzeptabler: "Der Ort des Kultes hieß etwa Vacalla, gebildet aus vaca plus gallisches Suffix all, das nicht nur persönlich (Vasallus), sondern auch örtlich verwendet wird... Vaca stelle ich zu indogermanisch uaka, altirisch vaca Kuh, lateinisch vacca... Danach hieße Vacalla Kuhort."[15]
Frühe Deutungsversuche (nach den Funden in Antweiler und vor den Funden in Pesch) verbanden den Namen Vacallinehae mit der Waal (Vacalus), dem Hauptmündungsfluß des Rheins. Wie so oft waren hier Wissenschaftler in die Ferne geschweift, obwohl die Lösung ganz nahe lag. Denn bei Wachendorf gibt es einen Wachenbach (alte Namen: Vacalina, Vachlenbach), der für den ersten Teil des Namens verantwortlich zeichnen kann. Der Wachenbach entspring in mehreren Quellen in Wachendorf, vereinigt sich mit dem Krebsbach und ergießt sich als Mersbach vor Kreuzweingarten in die Erft.
Eine interessante Erklärung für das Wort Vacallinehae fand die Schriftstellerin und Frauengeschichtsforscherin Gudrun Nositschka aus Wachendorf (Mechernich). Als Grundlage nahm sie den Beitrag 'Das Protokoll der Sprache' in 'Weib und Macht', Frankfurt 1992, von Richard Fester. Ihre Deutung lautet wie folgt: "Zu den sechs Archetypen aller Sprachen gehört das Wort

oder die Silbe Kall. Ich zitiere: Kall ist jede Vertiefung, jeder Hohlraum, jede Wölbung, jeder enge Durchlaß, ist Schale, Kehle, Höhle, Wohnstatt, Kulthöhle, Quelle und das Tal wie der Paß, der die Höhe überwindet. Vor allem aber der mütterliche Leib, die Geburt, das Kind, die Sippe, der Clan, das Volk. Tiere und Fruchtbarkeit, Schnecken und Muscheln, die ihre Wohnhöhle mit sich tragen, Pflanzen und Bäume, die hohl sind oder hohle Früchte haben oder sich zum Aushöhlen für Bütte und Boote eignen. Kall ist auch Niederung, Senke, Meer, Mündung, Flußbett, See, aber auch Zugang und Weg. Um zu differenzieren, führt Fester aus, ist das Wort auch mit anderen Vokalen, Konsonanten, in den jeweiligen Umkehrungen und Verdopplungen entwickelt worden. Aus Kall wird u. a. Lak/Lac oder Caw/Cav oder Wac/Vac. Die Übereinstimmung mit dem Wort vacall ist auffällig. Was bedeuteten die Worte zu der Zeit, als die römischen Soldaten sich der keltischen Kulte bedienten? Wacca heißt im Lateinischen Kuh, das milchgebende Muttertier. Lac (Kall) heißt im Lateinischen die Muttermilch. Muttermilch wird mit lebenspendend gleichgesetzt. Von der Sprache her sind die vacallinehischen Matronen also lebenspendende Göttinnen, die mit der Mutterkuh assoziiert werden. Laut Lesikon der keltischen Mythologie von Sylvia und Paul F. Botheroyd, München 1992, 'unterhielten die Kelten die indogermanische Vorstellung von der Kuh als Verkörperung oder Attribut der Muttergöttin'. Die Verehrungsstätten der Matronen lagen bzw. liegen an Örtlichkeiten, bei denen mehrere Verehrungswürdigkeiten zusammentreffen oder dicht (überschaubar) beieinanderliegen. Alle lassen sich mit dem Archetyp Kall zusammen bringen = Quelle, Niederung, Senke, See, Höhle usw., siehe oben. Alle diese Merkmale treffen auch auf die Kirche bei Antweiler, ca. 1.600 Meter vom Münsterberg bei Wachendorf aus gelegen, zu. Nordwestlich liegt eine große Senke, wo sich vor tausenden Jahren ein flacher See (Lake) befand. Ein Überrest ist das Kalkarer Moor. Quellen liegen südlich der Kirche im Wachendorfer Bereich. Zwei Bäche fließen in Richtung der Senke, der Wachenbach und der Krebsbach. Vom Münsterberg bei Wachendorf aus gesehen, liegt die Kirche in Antweiler im Rundblick von Osten bis Westen fast zentral. Die Orte Antweiler, Wachendorf und Kalkar liegen alle an oder nahe bei der Antweiler Senke mit dem Kalkarer Moor. Das Moor galt bei den Kelten und Germanen ebenfalls als eine Stelle der Verehrung, führte es doch zur Anderswelt. Ich halte es nicht für einen Zufall, daß bei der Antweiler Kirche, übrigens dem Johannes dem Täufer geweiht, der nach Sonja Rüttner-Cova 'Frau Holle, die gestürzte Göttin', Basel 1988, die Verehrungsstätten der lebenspendende Frau Holle überlagert, mehrere vacallinehischen Matronensteine gefunden worden sind. Auch wenn das Zentrum der Verehrung einige Kilometer entfernt gelegen hat, haben die Orte Wachendorf und Kalkar die Ehre, heute noch ihren Namen zu tragen."[16]

Matronensteine in der Antweiler Kirche

Könnte man vom Addig aus in direkter Luftlinie auf Antweiler zusteuern, müßte man nach einem Marsch über den Bosset das Dorf Gilsdorf passieren, den Stockert bei Eschweiler überwinden, zwischen Röttger- und Schlangenberg wandern, um über Wachendorf das Dorf Antweiler in der Antweiler Senke zu erreichen. Knapp zehn Kilometer mißt diese Strecke. Würde man schnurgerade in die gleiche nordöstliche Richtung weitergehen, streifte man die Matronenorte Euskirchen, Weilerswist sowie Brühl und landete mitten in Köln.

Die Antweiler Senke, eingerahmt von einem fernen Höhenkranz, war ursprünglich ein Moor. Man vermutet, daß das ganze Gebiet bei Ankunft der Römer noch 'sumpfig und ungesund' war. Der Rand dieses Sumpfes war aber besiedelt. Dafür sprechen Spuren von Siedlungsstellen, die vom sechsten Jahrhundert v. Chr. bis zum dritten Jahrhundert n. Chr. reichen. In den Jahren 1976 und 1983 stieß man in der Tongrube 'Toni' zwischen Antweiler und Kalkar auf ein römisches Brandgräberfeld. Die Funde wurden in das zweite Jahrhundert n. Chr. bestimmt.[17]

Erst um 1600 wird von Schriftstellern der Matronenkult im Anschluß an aufgefundene Weihesteine erwähnt. Einer dieser ersten Steine, welcher der 'gelehrten Welt' bekannt wurde, ist in "Antweiler pago Eiffliae prope Wachendorp"[18] gefunden worden. Die genaue Fundstelle ist nicht bekannt. Der Weihestein (Ihm Nr. 224) zeigte eine Darstellung der drei sitzenden Göttinnen. Diese trugen Körbe auf dem Schoß, die man als Blumenkörbe deutete. Es dürften aber eher Schalen mit Obstfrüchten sein. Die Inschrift wurde folgendermaßen gelesen: Matronis Vacallinehis Tib. Claudi Maternus Imp. Ip. LM. Unterhalb der Inschrift war eine Opferszene dargestellt. Man glaubte hinter einem Altar eine Jungfrau (Priesterin oder Göttin) mit langem Gewand zu erkennen, die einen Blütenzweig oder ein Opfermesser in der Hand hielt. Neben dem Altar, auf dem Flammen züngelten, stand ein Jüngling mit einem Weihrauchfaß oder einer Schale in den Händen. Eine andere Männergestalt hielt ebenfalls etwas (quippiam) in der Hand, um es in das lodernde Feuer zu legen. Einmal wird diese 'quippiam' als junges Opfertier gesehen, zum andern als etwas, was der Opfernde "in das Feuer auf dem Altare schüttet."[19] Der Stein war zunächst im Besitz 'des gelehrten Chrysanthus Boyss zu Münstereifel' und kam später in die Blankenheimer Sammlung. Er wurde irrtümlich als 'Stein zu Münstereifel' und 'Blankenheimer Stein' schriftlich festgehalten. Der weitere Verbleib des Matronensteins ist nicht bekannt.

Verschollen sind auch die drei Weihesteine, die man im Frühjahr 1852 beim Abriß der baufälligen Kirche von Antweiler 'im Mauerwerke zerstreut' fand. Der erste Matronenstein war aus grobem, grauem Quarzsand und trug eine Inschrift, die folgendermaßen erweitert wurde: Matronis Vacallinehis Am(ius) Nomiceiius Primus (Ihm Nr. 225). Ein zweiter Stein von derselben Qualität war zur Hälfte zerstört. Er konnte jedoch ebenfalls den vacallinehischen Matronen zugeordnet werden (Ihm Nr. 227). Der dritte Stein (Ihm Nr. 226) ist wie folgt beschrieben: "Der Rest einer Votivara von etwas feinerem, weißem Korn, worauf in besser gearbeiteten Zügen nur noch die Buchstaben ...tronis zu lesen sind. Über der Leiste des Steins sieht man aber noch deutlich, daß Figuren über derselben ausgehauen waren, wovon aber nichts mehr erkennbar ist."[20]

1853 fanden diese drei Steine 'auf dem Hause Wachendorf bei dem Landrath von Euskirchen, Herrn Schröder, eine Verwahrungsstätte'. Auch Eick

schrieb 1867, daß die Inschriftensteine im Besitze des ‘Herrn Geh. Rathes Schröder zu Haus Wachendorf’ seien. Danach verliert sich jede Spur von den Matronensteinen aus Antweiler.
Die Auffindung der Steine in den Mauern der Antweiler Kirche weckte 1852 Überlegungen, ob an dieser Stelle eine ‘diesem so allgemein verehrten Müttern geweihter Tempel’ gestanden habe. Die Antweiler Kirche ist eine der ältesten Kirche des Gebietes zwischen Mechernich und Euskirchen. Erstmals schriftlich erwähnt ist eine dortige *ecclesia* im Jahr 1147. Beim ‘Volke’ galt das Chor nebst Sakristei, dem ältesten Teil der Kirche, als ‘Heidentempel’ (bereits 1853 als solcher schriftlich erwähnt). Hier kann es sich -wie beim Heidentempel Pesch- um eine uralte Überlieferung und um das Wissen einer vorchristlichen Kultstätte am Platz der Kirche handeln. Anlaß für die Benennung ‘Heidenkirche’ kann aber andererseits der um 1600 entdeckte Matronenstein gewesen sein, wenn dieser in oder nahe der Kirche gefunden wurde.
Den Grund für die Benennung ‘Heidenkirche’ sieht man aber auch in einem anderen ’Heidenstein’ der Antweiler Kirche. 1854 ist er folgendermaßen beschrieben: “Ein in der Westmauer zehn Fuß hoch über dem Boden eingetragener Stein, auf welchem halberhaben eine menschliche Figur schlecht ausgehauen ist, welche auf dem rechten Knie kniend, die rechte Hand nach dem rechten Fuße hingestreckt hält. Vom linken Arme, der abwärts hing, ist wenig mehr zu sehen; vom Kopfe, der ohne Hals auf dem Rumpfe steht, ist das Angesicht fort.”[21]
Die Verstümmelung des Steins wird einem der früheren Pfarrer von Antweiler zugeschrieben, der die Kinder, welche zur ersten Kommunion gehen sollten, anwies, den ‘Abgott’ mit Steinen zu bewerfen. Die Sitte, durch Steinigung ‘allen heidnischen Teufelswerken abzuschwören’, ist auch von anderen Orten bekannt, zum Beispiel von Trier und aus dem Luxemburgischen. Pech des Antweiler Geistlichen war es allerdings, daß das Bild gar keinen ‘Heidengott’, sondern Jesus bei der Taufe durch Johannes den Täufer (Pfarrpatron) darstellte. Der Priester ließ also ‘in seinem heiligen Eifer... seinen unschuldigen Heiland’, also seinen eigenen Gott, steinigen.

Da weitere Grabungen an/unter der Antweiler Kirche nicht stattgefunden haben, bleibt ungeklärt, ob diese auf einem vorchristlichen Kultplatz steht und einst eine Matronen-Verehrungsstätte war. Von wissenschaftlicher Seite wird die Ansicht vertreten, daß die Votivsteine von einem anderen Ort hierhin gebracht wurden, um als Baumaterial Verwendung zu finden. Die öfter vertretene Meinung, daß dieser andere Ort der 'Heidentempel' von Pesch war, ist allerdings unrealistisch, denn über so weite Strecken schleppte man kaum Bausteine. Außerdem waren die Pescher Weihesteine vorwiegend aus rotem Sandstein (nur wenige aus grauem und graurotem Sandstein), wogegen die Antweiler Matronensteine aus Quarzsandmaterial bestanden. Noch vor Jahrzehnten sollen im Antweiler Raum große Quarzbrocken gelegen haben. Von zwei Steinen hieß es, daß sie von den 'all Heede' stammten und sich beim Mittagsläuten auf die andere Seite drehten.

Der Fund der Matronensteine und die Lage der dortigen Dörfer am Rand eines Moores, das sowohl 'des Schauerlichen und Geheimnisvolles wegen' den besonderen Schutz von lokalen Göttinnen bedurfte, als auch der Anderswelt verbunden war, lassen die vorsichtige Behauptung zu, daß in gallo-römischer Zeit im Raum Antweiler ein Matronenheiligtum bestanden hat.

Lessenich, Satzvey und Bonn-Endenich

1908 stieß man bei Lessenich auf drei Inschriftensteine, die den vacallinehischen Matronen geweiht waren. Die Fundstelle liegt "20 Minuten südlich von Lessenich auf dem höchsten Punkte zwischen Lessenich und Rißdorf."[22]

Mit dem ersten Stein hat Marcus Antonius Masuetus für sich und die Seinen ein Gelübde eingelöst. Der rechteckige Altar ist aus rotgrauem Sandstein und 57 cm hoch, 36 cm breit und 15 cm tief. Der Sockel ist fast ganz abgeschlagen. Oben auf dem Giebel liegt eine Frucht, auf den Schmalseiten sind

Bäume eingemeißelt. Den zweiten Stein hat Lucius Cavonius Victor den Stammesgöttinnen der Vacalli gesetzt. Dieser ist aus grauem Sandstein und 73 cm hoch. Sockel und Gesims sind abgespitzt. Die beiden oberen Ecken und die rechte untere Ecke fehlen. Auf dem dritten Stein ist die Inschrift stark verstümmelt. Sie wurde wie folgt ergänzt: (Va)callineis G(aius) Juliu(s) Secundu(s) VSLM. Auch dieser Stein ist aus grauem Sandstein. Er mißt in der Höhe 52 cm und in der Breite 33 cm. Auf dem Giebel liegen ein Apfel und eine Birne. Die drei Altarsteine befinden sich im Landesmuseum in Bonn (Lehner Nr. 506, 507, 508).
Eventuell waren die Matronensteine in Zweitverwendung als Grabwandungen benutzt worden, worauf zumindest die Tatsache hindeutet, daß einige Ecken abgeschlagen sind, also die Steine einer gewissen Form (Grab?) angepaßt worden sind.
1984 wurde man in der Nähe von Lessenich abermals fündig: "Im Januar 1984 wurde bei Mechernich-Lessenich, Kreis Euskirchen, gut 400 m westlich der Kirche ein fränkisches Steinplattengrab angepflügt. Zur Abdeckung diente u.a. das Bruchstück eines römischen Weihesteines für die Matronae Vacallinehae, die in dem knapp 9 km südlich gelegenen Tempelbezirk von Pesch ein Zentrum ihrer Verehrung hatten."[23]

Satzvey, am sagenhaften Veybach, liegt gut zwei Kilometer von Lessenich und vier Kilometer von Antweiler entfernt. Dort hat man vor 1916 einen Matronenstein gefunden, 'aber nicht in der Erde, sondern in einem Bauernhaus vermauert'. Ein Gaius Farsuleius Terentius hat den vacallinehischen Matronen für sich und die Seinen voll Dankbarkeit diesen Altarstein gestiftet. Die Beschreibung: "Rechteckiger Altar, Sockel und Gesims abgearbeitet, Giebel mit Blattrosette zwischen rosettengeschmückten Voluten. Oben ein Apfel." Der Weihestein soll ursprünglich in der Gemarkung 'Am Steine Kreuz' gefunden worden sein; er ist ins Bonner Landesmuseum gekommen (Lehner Nr. 505).
Hans Lehner nahm an, daß 'möglicherweise' dieser Altar aus Lessenich stamme und nach Satzvey 'verschleppt' worden sei. Doch zwei weitere in

Satzvey gefundene Matronensteine lassen ein Matronen-Verehrungsstätte im Satzveyer Raum vermuten. Leider sind beide Weihesteine verschollen, bevor sie wissenschaftlich untersucht wurden.
Der eine Matronenstein soll nach mündlicher (etwas unsicherer) Überlieferung zwischen Satzvey und Obergartzem, ebenfalls auf der Flur 'Am Steine Kreuz' gefunden worden sein. Dort hatte man innerhalb eines Walls mit Graben einige Reste eines rechteckigen römischen Bauwerks festgestellt, welches eventuell ein Wachtturm gewesen sein kann.[24]
Von einem weiteren Fund in Satzvey ist folgendes bekannt: "Anfang der fünfziger Jahre förderte der Landwirt W. K. aus Satzvey bei der Feldarbeit auf einer als Ackerland genutzten Teilfläche des Flurbereichs Hennesberg einen Matronenaltar aus rotbraunem Sandstein zutage."
Da auf dem Hennesberg am Rande eines Moorgebietes auch die Jufferfey wandelt, kann hier eventuell ein Matronenheiligtum gestanden haben, "das in der Erinnerung der Menschen weiterlebte."[25]

Von den vacallinehischen Weihesteinen sei noch ein Inschriftenstein erwähnt, den ein Soldat der Legion I Minerva den Matribus Vacallineis auf Geheiß der Göttinnen herstellen ließ. Dieser Stein wurde 1834 in Bonn-Endenich gefunden. Der Name des Stifters ist Atticus Maternus. Es scheint sich um einen Vacalli zu handeln, den sein Legionärsdienst nach Bonn verschlagen hatte, und der dort seine heimischen Schutzgöttinnen verehrte und ihnen einen Altar widmete. Der Stein kam als Geschenk ins Bonner Provinzialmuseum (Ihm Nr. 215, Lehner Nr. 509).

Entweihter Weihestein als Altarstein in Weyer

Bis zum Jahre 1804 soll im Pfarrarchiv von Tondorf eine Schrift aufbewahrt worden sein, die berichtete, daß der fränkische Feldherr Teudobald in Tondorf und Weyer 'die Götzenaltäre zertrümmerte und an ihrer Stelle christliche Altäre errichtete'. Tondorf war zur Zeit der Römer (und sicher auch vorher) ein bedeutender Ort, der "wahrscheinlich auch in religiöser Beziehung eine Rolle spielte."[26]
Die Tondorfer Kirche, auf der höchsten Stelle des Ortes gelegen, ist in weiter Ferne noch gut sichtbar. Eine erste christliche Kapelle wird für das 4. oder 5. Jahrhundert angenommen, die im 9. Jahrhundert ausgebaut wurde. Im Volksglauben wird auch die Tondorfer Kirche als alte Heidenkirche angesehen. Innerhalb des Kirchhofes wurde um 1880 ein römischer Quadratbau von 75 Quadratmetern freigelegt, den man als römische Befestigungsanlage analysierte.[27] Bereits 1812 hatte man beim Umbau der alten Tondorfer Kirche unter der Mensa des Altars einen Sandstein gefunden, in dessen vier Seitenflächen heidnische Götterbilder eingeritzt waren. Leider schenkte man diesem Viergötterstein aus Unkenntnis nur wenig Beachtung und warf ihn in die Fundamente der neuen Kirche.
In Tondorf war das Matronengebiet anscheinend zu Ende. Nur im einige Kilometer südlich gelegenen Rohr fand man 1872 beim Abbruch der Kirche neben einem Altarstein des Merkurs sowie einem Relief des Herkules einen Weihestein der Matronis Gabiabus (Ihm Nr. 231, Lehner Nr. 526).[28] Obwohl im Blankenheimer Raum die Spuren aus der Römerzeit zahlreich sind, gibt es aus diesem Gebiet keinen sicheren Nachweis für die Matronenverehrung. Drei Matronensteine mit bruchstückhaften Inschriften (Ihm Nr. 228-230) sind mit einem Fragezeichen 'Blankenheim in der Eifel(?)' zugeordnet. Die südliche Grenze der Matronenverehrung liegt nach den bisherigen Erkenntnissen bei Nettersheim.
Daß auch in unserer Zeit noch bemerkenswerte Matronen-Funde gemacht werden, zeigte sich 1991, als unter dem Altar der Weyerer Pfarrkirche (Stadt

Mechernich) ein Matronenstein zum Vorschein kam.
Schon mehrmals hatte man in früheren Zeiten in Altären christlicher Kirchen römische Götteraltäre gefunden. Bereits 1866 machte man sich Gedanken, ob es sich hier um die praktische Nutzung fertigen Materials handelte, oder ob es andere Gründe für diesen Brauch gab: "Vielleicht liegt aber auch ein tiefer Gedanke zu Grunde, nämlich der Gedanke des Sieges, den das Christentum über das abgelebte Heidentum feierte. Besonders möchte ich dies in den Fällen annehmen, wo römische Denkmäler zur Anlage der hervorragenden Teile des christlichen Gotteshauses, zum Beispiel zum Bau des Altares (wie in Pier/Düren) benutzt wurden. Es mußte etwas Erhebendes darin liegen, daß jene Votivsteine und Altäre, den alten Göttern zu Ehren errichtet, sich jetzt dazu hergeben mußten, um die Bausteine zu dem Altare zu bilden, auf welchem fortan dem neuen wahren Gotte geopfert werden sollte."[29]
Überlegungen dieser Art wurden 1991 in Weyer aktuell, als man innerhalb von umfassenden Renovierungsmaßnahmen in der Sankt-Cyriakus-Kirche am 4. Februar unterhalb des Altaraufbaus auf mehrere Bruchstücke eines Wege- und eines Grabkreuzes stieß. Für Überraschung sorgte ein 12 Zentner schwerer Quaderstein, dessen Innenseite zum Altarinnern gewandt war. Er entpuppte sich als gut erhaltener Altarstein mit Matronenbild und Inschrift. Die drei Matronen sitzen wie üblich in ubischer Festtagstracht in einer Ädikula. Auffallend ist, daß der Kopf der mittleren Göttin regelrecht abgegriffen wirkt, so, als ob viele Menschen ihn berührt hätten (auch bei anderen Matronensteinen zu beobachten). Auf dem Schoß tragen die Göttinnen Schalen mit Früchten. An den Schmalseiten ist je ein Baum eingemeißelt. Stilistisch ist der Weihestein dem ausgehenden zweiten Jahrhundert zuzuordnen.
Die Inschrift ist in der bekannten Form abgefaßt. Übersetzt lautet sie: "Den Matronen Vaccalenehae (hat) Lucius Caldinius Firminius gern nach ihrem Verdienst sein Gelübde erfüllt." Der Name Caldinius war bereits als Stiftername von einem im Heidentempel Pesch gefundenen Matronenstein bekannt. In diesem Namen sieht man eine Verbindung zu dem Ort Keldenich bei Kall. Caldinius ist allerdings ein häufiger Name und auch von anderen

Fundorten (Bonn und Köln) belegt.
Vor dem Einbau in den Altar war der Weihestein ‘ent’weiht worden. Davon zeugen auf der Rückseite in den Ecken vier eingeschlagene Kreuze und in der Mitte eine abgetreppte Vertiefung, die zur Aufnahme von Reliquien gedient haben mag. Wann dies geschehen ist, läßt sich nicht feststellen. Man ist sich jedoch sicher, daß der Matronenstein in einer Drittverwendung zum christlichen Altarstein umfunktioniert wurde. Der Herkunftsort wird im Heidentempel Pesch/Nöthen gesehen,
Das Originalmonument ist nach einer Untersuchung des Landesmuseums zur Weyerer Kirche zurückgekehrt und soll auf Wunsch der Dorfbevölkerung wieder ‘in der Versenkung’ unter dem Altar verschwinden. Ob man auch heute noch etwas ‘Erhebendes’ darin sieht, einen christianisierten Heidenstein als Bestandteil eines Altars in einer katholischen Kirche zu wissen? Oder möchte man nicht ganz auf den Schutz der segenspendenden Göttinnen unserer Vorfahren verzichten? Auch scheint man dem Stein eine gewisse Kraft und Ausstrahlung zuzubilligen, da man großen Wert auf das Original legt.
Der Volksüberlieferung zufolge soll die Pfarrkirche von Weyer auf den Grundmauern eines römischen Tempels stehen, der vielleicht sogar ein keltisches Heiligtum als Vorläufer hatte. Reste einer Cella lägen unter dem Chor, erzählt man sich im Dorf. In den 1980er Jahren ging das Rheinische Amt für Bodendenkmalpflege diesen ‘Legenden’ nach. Als in dem Kirchenraum eine Heizungsanlage eingebaut wurde, legte man Ausschnitte eines fränkischen Gräberfeldes frei, fand aber keine Hinweise auf römische Vorgängerbauten oder auf ein keltisches Heiligtum. Die Erbauung der Kirche wird auf 1500, der Turm auf 1200 datiert.
Ganz in der Nähe der Kirche von Weyer liegt die Kartsteinhöhle, in der Menschen bereits zu Urzeiten Schutz vor den Unbilden der Natur suchten. Im Volksmund wird die Höhle ‘Kakushöhle’ und ‘Kinderhöhle’ genant. Alte Namen sind ‘Koartsteen’ (Kartstein) und ‘Große Kirche’. Die Sage erzählt von der Göttin Helic: “Es ist schon lange her, da waltete in den Höhlen des Kartsteins die Göttin Helic. Diese Göttin rief auf geheimnisvolle Weise die

Kinder ins Leben. Aus einem vorborgenen Raum tief im Innern der Höhle - dem Herzen der Mutter Erde- holte sie die Menschenkinder hervor. Die unterirdischen Quellen und Bäche gaben das lebenspendende Wasser."[30]
Sehr nachdrücklich behaupten bis heute die Bewohner von Weyer und Umgebung, daß ein unterirdischer Gang von der Weyerer Kirche zur Kartsteinhöhle führe, so daß man sich jederzeit hätte zurückziehen können. Auch dieser Überlieferung gingen die Denkmalschützer nach und fanden 'das Ende einer Legende': "Bei einigen Kirchen mögen diese Sagen einen realen Hintergrund haben: Die Untersuchung der römischen Wasserleitung von der Eifel nach Köln, vor allem in dem Abschnitt bei Breitenbenden, zeigte, daß der Kanal an einigen Stellen bis heute begehbar ist und so den Anlaß für die Sagenbildung geben konnte."[31]
Allerdings führt der Römerkanal in einiger Entfernung an der Kirche in Weyer vorbei. Auffallend ist auch, daß unabhängig voneinander in Kallmuth, Urft und Netterheim von unterirdischen Gängen erzählt wird, die von diesen Orten ausgingen und ebenfalls an der Weyerer Kirche ins Tageslicht führten, womit dem Terrain dann doch eine gewisse Sonderstellung zukommt. Es ist denkbar, daß sich ein Wissen von einer imaginären, mythischen Beziehung zwischen diesen Orten erhalten hat, wobei in der Volksphantasie das unsichtbare Band zu unterirdischen Gängen geworden ist. Andere Deutung erinnert daran, daß die Kelten an besonderen Plätzen unterirdische Schächte anlegten, wo sie sich zur Meditation zurückziehen konnten.
Höhlen waren in Vorzeiten magische Kulträume; Höhle und Dom haben etwas Urverwandtes. Der Dunkelpart der Höhlen und damit der Unterwelt wurde durch heilige, helle Höhenplätze kompensiert. Trafen Menschen sich unter der Erde zu einem Ritual, so hielten andere Menschen auf einer Höhe Wache. So glaubt man, daß sowohl in Weyer als auch auf dem Addig in Pesch durch Verehrungsstätten ein Ausgleich zu der großen Höhle des Kartsteins geschaffen wurde, denn Höhlen waren in das Verbundnetz der Kultplätze einbezogen und durch Pilgerpfade minteinander verbunden.[32]
Von den landschaftlichen Schönheiten rund um Weyer sei vor allem der Eulenberg bei Urfey/Vollem genannt, der einen einmaligen Rundblick ins

Land beschert. Schon der Name signalisiert -wie am Beispiel Geich/Juntersdorf bei Zülpich bereits erklärt- eine besondere 'heilige Stätte'. Ein regelrechter Initiationsweg führt vom Eulenberg über zwei kleine Kuppen zu dem fast 500 Meter hohen Lichtertberg, der mit dem keltischen Lichtergott Lug in Zusammenhang gebracht wird. Zwischen diesen Hügelzügen und der hochgelegenen Weyerer Kirche schlängelt sich der Feybach. Er führt uns zu den fachinehischen Matronen.

Quellenangaben: Pesch und 'Vacalli'-Gebiet

1 Dr. Franz Cramer: Ein Spaziergang von Münstereifel zum Pescher Matronenheiligtum, in: Eifelvereinsblatt, August 1923, Seite 27

2 Vgl. Ausgrabungen im Rheinland 1981/82, Seite 44

3 Vgl. Dr. Walter Sage: Bodendenkmalpflege im Landkreis Schleiden, in: Heimatkalender Kreis Schleiden 1966, Seite 32

4 Dr. Pohl, Linz: Römer-Canal, in: BJ 77, 1882, Seite 135

5 F. J.: Kleine Mitteilungen, in: Rheinische Geschichtsblätter, Oktober 1895, Seite 128

6 Max Siegbourg: Der Matronenkult beim Bonner Münster, in: BJ 138, 1933, Seite 103

7 Vgl. Hans Lehner: Der Tempelbezirk der Matronae Vacallinehae bei Pesch, in: BJ 125, 1919, Seite 74-162

8 Heinz Günter Horn, Hrsg.: Die Römer in Nordrhein-Westfalen, Stuttgart 1987, Seite 345

9 php: Auf dem Addig, in: Zwischen Eifel und Ville, November 1951

10 Dr. Fritz Malsch: Überraschender Fund in einem Schutthaufen, in: Heimatkalender für den Kreis Euskirchen 1960, Seite 38

11 H. Lehner: Matronenheiligtum bei Pesch, in: BJ 123, 1916, Seite 72

12 Walter Sage: Nachgrabung in der 'Basilika' des Heidentempels bei Pesch, Gemeinde Nöthen, Kreis Schleiden, in: BJ 164, 1964, Seite 35

13 Wilhelm Hohn: Der Heidenpütz bei Pesch, in: Unsere Heimat!, Euskirchen 1927, Seite 19-21

14 H. G. Horn: Der Matronentempel bei Pesch, in: Führer zu vor- und frühgeschichtlichen Denkmälern, Teil II: Exkursionen, Nr. 26, Mainz 1974, Seite 80

15 Dr. Wilhelm Kaspers: Die Ortsnamen der Dürener Gegend, Düren 1949, Seite 48

16 Gudrun Nositschka, Wachendorf, Brief vom 22.2.1994

17 Vgl. Walter Sölter: Ein römisches Brandgräberfeld in der Tongrube 'Toni' in Mechernich-Antweiler, in: Ausgrabungen im Rheinland 1976, Seite 112-113

18 Neueste Bereicherung des Königlichen Museums rheinischer Alterthümer, in: BJ 12 1848, Seite 58
19 Johann Friedrich Schannat: Eiflia Illustrata, Erstauflage 1852, Neuauflage Osnabrück 1866, I. Band, 1. Abteilung, Seite 164
20 J. Freudenberg: Neue Matronensteine aus Antweiler und Zülpich, in: BJ 19, 1853, Seite 86
21 Jakob Katzvey: Geschichte der Stadt Münstereifel und der nachbarlichen Ortschaften, Köln 1854, Band II, Seite 15
22 Klaus Krüger: Zur Siedlungsgeschichte Lessenichs: Liezniha war der Anfang, in: Kreis Euskirchen Jahrbuch 1989, Seite 5
23 Vgl. Ausgrabungen im Rheinland, 1983/84, Seite 42
24 Vgl. Klaus Krüger: Satzvey - ein Wohnsitz an der Vey, in: Heimatkalender Kreis Euskirchen 1972, Seite 148
25 Klaus Krüger: "Bei Tau und Nebel am fließenden Wasser", in: Heimatkalender Kreis Euskirchen 1992, Seite 10
26 Johannes Becker: Geschichte der Pfarreien des Dekanats Blankenheim, Köln 1893, Seite 612
27 Vgl. van Veith: Die Römerstraße von Trier nach Köln und Bonn, in: BJ 82, 1916, Seite 37
28 Vgl. J. Freudenberg: Römische Inschriften aus Rohr bei Blankenheim und aus Bonn, in: BJ 53/54, 1873, Seite 172
29 Josef Kamps: Alte und neue Inschriften, in: BJ 41, 1866, Seite 138
30 Sophie Lange: Kakushöhle, Sagen von einst, Geschichten von heute, 1995 , Seite 7
31 Wilfried Maria Koch: St. Cyriakus in Weyer -das Ende einer Legende, in: Archäologie im Rheinland 1991, Seite 82
32 Vgl. Sophie Lange: 'Pfade' zwischen Höhlen und Tempeln, in: Kölnische Rundschau, Eifelland, 14. 3. 1990

Weitere benutzte Literatur: Pesch und 'Vacalli'-Gebiet

Heide Huber: Römische Reise per Rad durch die Eifel, Köln 1988

Wilhelm Brüll: Keltische Geomantie und Volkswissen, eine vergleichende Untersuchung an Orten der Kraft bei Weyer (Eifel), in: Wetter, Boden, Mensch, Ausgabe 4/90, Seite 7-15

Annekethe Barthel: Pesch 893-1993, Ortschronik

Zingsheim und das Euskirchener Land

Die Matronen und der Feybach schaffen einen Bezug zwischen Zingsheim und Euskirchen. In beiden Orten wurden Weihesteine mit gleichen Matronenbeinamen gefunden: Matronae Fachinehae.

Zingsheim: Die Fey und die Fachinehae

Im Königsfeldertal im Weyerer Wald, im sogenannten 'Paradies', entspringt der Feybach, der im Volksmund 'die Fey' genannt wird. Als solche ist sie die gute Fee der Quelle, des Baches und der Siedlungen am Bachverlauf. In den Sagen hat die Fey ihren Wohnsitz oberhalb der Quelle in einem Felsen. Sie beschützt den dortigen Wald, dessen Ruhe ihr heilig ist, und hat besonders die Tiere in der Sagenwelt unter ihre Fittiche genommen. Manchmal verwandelt sie sich in ein Tier, entweder in eine Häsin oder in ein Reh.
An dem Bachlauf haben sich -wie der Volksmund sagt- die sieben Töchter der Fey angesiedelt: Urfey, Eiserfey, Feyermühle, Burgfey, Katzvey, Satzvey und Burg Veynau. Von ferne kann die Fey die 'Zyklopenburg', die Kakushöhle, grüßen. Nachdem sie den Mechernicher Wald und ihr bevorzugtes Spukgebiet, den 'Hombusch', durcheilt hat, tauchen die 'Katzenköpfe' bei Katzvey auf, an denen in der Tat 'monumentale Kopfformen des geliebten Haustieres' zu erkennen sind. Bei Satzvey streift die Fey kurz das Gebiet der vacallinehischen Matronen, zwängt sich dann bei der Burg Veynau durch den Billiger Wald und mündet, nachdem sie Wißkirchen und Euenheim passiert hat, im Norden Euskirchens in die Erft.
Doch zurück zu den Katzensteinen, diesem ungewöhnlichen Felsen zwischen Mechernich und Satzvey. Hier haben die Römer im kleinen Umfang Sandsteinplatten abgebaut, die wahrscheinlich für Steinsärge verwendet wurden. Aus den dortigen Quadersteinen wurden Altarsteine hergestellt. Das Material für manchen Matronenstein wird aus den Katzensteinen herausgeschlagen

worden sein. In der Nähe des Rotsteinfelsen fand man Weihesteine an die Göttin Diana. Aus den Inschriften geht hervor, daß im ersten Jahrhundert n. Chr. dort ein kleiner Dianatempel gewesen ist.[1]

Die Grundform des Wortes Fey ist eine keltische Bacina, die Eilende, die sich zu Facina entwickelte. Diese Namensform finden wir auf Matronensteinen wieder, die jedoch nicht in unmittelbarer Nähe der Fey, sondern bei Zingsheim, etwa fünf Kilometer südöstlich der Feybachquelle, ans Tageslicht kamen.

1895 wurde erstmals über Funde von Matronensteinen an die Göttinnen aus Zingsheim berichtet. Bei Feldarbeiten westlich des Ortes 'am Maulbeerbäumchen' (spätere Bezeichnung 'Gleisiger Heck'), südlich des Willenbergs, war man auf Gräber gestoßen. Bei zwei der nach Osten und Westen ausgerichteten Grabstätten fanden sich zwei Matronen-Inschriftensteine, die in Zweitverwendung als Grabwandung gedient hatten; die beschrifteten Seiten waren wie bei anderen Funden zum Grabinnern gekehrt. Die Steine waren stark beschädigt und anscheinend auf ein bestimmtes Maß zurecht geschlagen. Die Inschriften nannten Bauern aus einer nahen Siedlung als Stifter.

Der eine Matronenstein (44 cm hoch, 49 cm breit) hatte als Deckplatte gedient. Oben auf der Bedachung war ein Teller oder Kranz abgebildet, an beiden Seitenflächen war je ein Lorbeerbaum eingemeißelt. Die Inschrift ergänzte man auf Matronis Fachinehis Flavius Communis et Gaius (Lehner Nr. 327).

Der zweite Weihestein (50 cm hoch, 50 cm breit) bestand wie der erstgenannte 'aus dem roten in der Eifel vorkommenden Sandstein'. Oben auf dem Altar war wieder ein Teller oder Kranz erkennbar, an den Schmalseiten waren Bäume abgebildet. Mit diesem Votivstein hatte ein Crispinius ein den fachinehischen Matronen gegebenes Gelübde für sich und die Seinen voller Dankbarkeit eingelöst (Lehner Nr. 328).[2]

Fast siebzig Jahre nach diesen Funden, im Jahr 1960, machten die fachinehischen Matronen in Zingsheim wieder auf sich aufmerksam. In der Flur 'Vor Hirschberg' schnitt man bei Bearbeitung eines Ödlandstreifens römische Baureste an und stieß auf Kalk- und Sandsteinbrocken mit Resten von Inschriften und Ornamenten. Die Vermutung, daß es sich hier um ein Matronenheiligtum handele, wurde bei Ausgrabungen im Sommer 1963 bestätigt. Den Beweis, daß sich die Archäologen 'in einem Heiligtum befanden', lieferten Bruchstücke und Inschriftenreste, die zeigten, daß dieses Tempelchen den fachinehischen Matronen geweiht war.

Der gallo-römische Tempel von rechteckiger Gestalt bestand aus einer Cella (2,60 x 3,40 m), die von einem säulengestützten Umgang umgeben war. Die Lage des Eingangs konnte man nicht bestimmen und so öffnete man bei der Rekonstruktion den Tempel nach Südosten. Für eine flache Verdoppelung der Umgangsmauer, die sich an der Ostseite zeigte, fand sich keine Erklärung (evt. Schwelle und Eingang).

Von der Fundstelle heißt es in einem ersten Grabungsbericht: "Das ganze Gelände ist ziemlich naß. Weiter nördlich liegt die Quelle, die heute Gut Hirschberg mit Wasser versorgt, und wenig östlich der römischen Bauwerke floß bis vor einigen Jahren in einer flachen Mulde eine weitere Quelle. Sie wurde inzwischen trockengelegt."[3]

Auch hier zeigt sich, wie wichtig Quellen für den Matronenkult, auch in einem kleinen Heiligtum, waren. Im Landschaftsbild liegt die Fundstelle südwestlich von Zingsheim 'etwa auf halbem Weg zwischen den Tempelbezirken von Nettersheim und Pesch'. Bei Betrachtung der Lage dieser drei Matronentempel auf einer Landkarte (s. Seite 62) kann man sich des Eindrucks nicht erwehren, daß diese drei Tempel eine Einheit bilden und das 'Gruppenbild' der Matronen widerspiegeln: Zwei große Tempel nehmen einen kleinen Tempel in ihre Mitte, so wie die beiden Matronen ihre jungfräuliche Göttin beidseitig einrahmen.

Die Ausgrabung legte nur Ausschnitte eines größeren Kultbezirkes frei. Für möglich hielt man es, daß es einen hölzernen Vorgängerbau gegeben hatte. Den Tempel aus Stein datiert man ins 2. bis 4. Jahrhundert. Auffallend ist folgendes: "Eigentümlich im Vergleich zu ähnlichen Anlagen ist, daß der verhältnismäßig kleine Tempel offensichtlich von einem weiten freien Platz umgeben war. Erst etwa 30 m nordwestlich des Tempels stießen wir wieder auf Gebäudereste."[4]

Von den weiteren Funden des Tempelbereichs ist eine steinerne Birne erwähnenswert, die sich von einem Weihealtar oder einem Füllhorn losgelöst hatte, sowie der Torso einer kleinen weiblichen Figur. Die stehende Frau hält einen Gegenstand vor dem Körper, der am ehesten ein Korb mit Früchten sein kann. Von den Möglichkeiten 'opfernde Frau oder Göttin' hielt man die Göttin für wahrscheinlicher.
Nicht eindeutig einzuordnen war auch ein eindrucksvoller Mädchenkopf: "Ein etwa vierjähriges Mädchen hat lächelnd sein Lockenköpfchen nach rechts geneigt und blickt nach oben. Das lange gewellte Haar, das von einem Blütenkranz umwunden ist, fällt in dicken Strähnen auf die rechte Schulter und löst sich durch die Neigung des Kopfes von der rechten Wange. Die Stirn ist rund und niedrig, das Näschen kurz und breit, die Backen sind prall von kindlichem Lächeln."[5] Hier stellte sich die Frage, ob dieser Kopf zu einem Grabdenkmal gehöre oder das Kind den göttlichen 'Müttern' zuzuordnen sei. In den wissenschaftlichen Überlegungen siegte schließlich das Grabdenkmal.
Im Frühjahr 1975 wurde der Zingsheimer Tempel erneut freigelegt und restauriert. Neue Funde waren spärlich. Doch dafür wurden Archäologen wieder in dem bekannten fränkischen Gräberfeld an der Gleisiger Heck fündig. Bei der Aufdeckung von Gräbern aus dem 7. Jahrhundert wurden zwei Weihesteine an die Fachinehae gesichert. Der größte Altar aus leicht rötlichem Sandstein lag als Abdeckplatte mit der Inschrift nach unten, ein kleineres Altärchen hatte als Fundament für eine Seitenplatte gedient. Die Inschriften waren die üblichen. Lucius Chuaciionius Primus und Ludius Celeris hatten den Schutzgöttinnen ihrer Heimat ein Denkmal gesetzt.[6]

Man war sich sicher, daß diese Weihesteine zu dem Heiligtum 'Vor Hirschberg' gehörten und stellte dort eine Kopie des Celeris-Steins auf.

Matronensteine aus Euskirchen und Kirchheim

Auch das Euskirchener Land ist altes Kulturland. Funde aus der Römerzeit wurden besonders in Kreuzweingarten und bei Billig gesichert. Matronensteine kamen jedoch im Vergleich zum Zülpicher Land nur selten zum Vorschein. In dem Ort Kreuzweingarten, der durch den Ringwall 'Alter Burgberg' und durch eine römische Villa archäologisch bekannt wurde, vermutete Pfarrer Nikola Reinartz 1928 ein römisches Tempelchen. Spätere Grabungen (1967) konnten jedoch "eine zweifelsfreie Zuordnung des Gebäudes nicht ergeben."[7]

In Euskirchen war 1897 ein Inschriftenstein an die fachinehischen Matronen gefunden worden. Von dem Ortsnamenforscher Gerhard Mürkens ist die Fundstelle 1958 genau beschrieben: "Der aus Euskirchen stammende Matronenstein wurde bezeichnenderweise vor der Stadt links von der nach Kommern führenden Landstraße, also in der Nähe des Veybaches gefunden. Nun hat hier vor der Stadt, ungefähr in der Mitte zwischen der Ruhrschen Fabrik und dem früheren Rüdesheimer Hof, auf dem linken Ufer der Vey, eine römische Siedlung bestanden. Noch jetzt finden sich zahlreiche römische Ziegelreste auf den Äckern verstreut. Ein Herr R...von Euskirchen sagte seiner Zeit aus, er habe mehrere Karren von diesen Ziegeln weggefahren, auch habe er sonst große, seltsame Steine gefunden. Man wird nicht fehlgehen in der Annahme, daß hier vor Euskirchen auf Euenheim zu, auf dem vom linken Veyufer leicht zur Kommernerstraße ansteigenden Gelände, die Matronae Fachinehae von den keltischen Bauern verehrt wurden."[8]

Auch der Euskirchener Matronenstein war als Wandung in einem fränkischen Grab genutzt worden. Auf einer Schmalseite war noch ein Füllhorn zu erkennen. Die Inschrift wurde ergänzt auf Matronis Fa(c)hineihis Marcus Annius Placidus et Bassiana Quieta VSLM (Lehner Nr. 329).[9]

An der gleichen Stelle entdeckte man das Bruchstück eines Viergöttersteins, auf dem Herkules und Minerva zu erkennen waren: Minerva mit rundem Schild, Ölbaum und einer Eule auf dem Knie (Lehner Nr. 95).

Im Verzeichnis von Max Ihm sind für Euskirchen noch drei Weihesteine an Matronis Ratheihi, Matronis Gratich und Matronis Caimineas aufgeführt (Ihm Nr. 218, 219, 220). Dazu wird kommentiert: "Diese drei Inschriften sind verschollen und schwerlich richtig abgeschrieben."
Einen Matronenstein mit Bildnis kann man heute an der St. Martinus Kirche von Euskirchen sehen. Zu dem schrägliegenden Matronenstein ist 1911 folgendes vermerkt: "Da ist ein römischer Matronenstein, im zweiten Pfeiler des linken Seitenschiffes von der Sakristei aus gerechnet, eingemauert. Jahrhunderte hat der Stein dort Wind und Wetter über sich ergehen lassen, aber noch heute heben sich scharf aus der vertieften Nische die drei sitzenden Figuren hervor. Um ihre Häupter winden sich die charakteristischen turbanartigen Kopftrachten; die mittlere Figur ist wesentlich kleiner als die beiden ihr zur Seite sitzenden."[10] Inzwischen ist der Matronenstein natürlich noch mehr verwittert, aber die Göttinnen sind doch noch zu erkennen.

Einen anderen Matronenstein entdeckte man 1858 in Kirchheim. Er war den Matronae Gabiae geweiht. Den Kirchheimer Inschriftenstein hatte ein Legionär der Bonner Legion namens Lucius Grandonius Clarus den 'Geberinnen von guten Gaben' gestiftet. Der Name Grandonius ist keltischen Ursprungs. Die Fundstelle ist zwar angegeben, dürfte aber kaum aufzufinden sein: "Der Matronenstein wurde im Flamersheimer Walde, etwa eine Stunde von Kirchheim, einen Fuß tief unter der Erde beim Setzen von jungen Bäumen gefunden."[11]

Angefügt seien noch zwei Matronensteine, die 1895 in das Provinzialmuseum nach Bonn kamen (Ihm Nr. 216, 217, Lehner Nr. 262, 263). Gefunden wurden diese 'zwischen Odendorf und Rheinbach nahe der Bahnlinie (Strekke Bonn-Euskirchen) und dicht an der von Palmersheim kommenden Römerstraße'. Die Inschriften nennen die Göttinnen Aserecinehis, die auch auf einer Weihung aus Odenhausen bei Berkum vorkommen (Ihm Nr. 197).

Am Kaiserstein zwischen Billig und Rheder

In alten Berichten von der Zeit um 1850 wurde immer wieder darüber geklagt, daß Fundstellen zu ungenau oder überhaupt nicht angegeben wurden. Dadurch kamen häufig Unklarheiten und Verwechslungen vor. Lehner nennt 1918 bei den Matronensteinen, die im Besitz des Provinzialmuseums sind, einen Weihestein, der eine bruchstückhafte Inschrift trug, die man wie folgt ergänzte: Matronis Aufaniabus Severinus et T(L)iberius Victor ex imperium pro se et suis LM. Der Altar soll in einem Grab gestanden haben, in welchem zwei Skelette in umgekehrter Richtung nebeneinander liegend gefunden wurden. Lehner ordnete diesen Stein Zülpich zu (Lehner Nr. 314). Bei Ihm ist der Fundort des Steins (Nr. 223) mit 'Rheder bei Euskirchen' angegeben. C. A. Eick (1867) nennt diesen Matronenstein mit anderen Funden, die zwischen Billig und Rheder gemacht wurden. Während er das Datum des Fundes nicht angibt, beschreibt der die Fundstelle sehr genau: "Auf dem Ausläufer des Gebirgszuges zwischen Feybach und Erft liegt zwischen den beiden Dörfern Rheder und Billig eine äußerst gesegnete Feldflur, die unter dem Namen 'Am Kaiserstein' weithin im Lande bekannt ist. Bezüglich seiner Lage wird dieser Punkt von keinem anderen am Fuße des Eifelgebirges mehr übertroffen, und selbst die Aussicht von den Türmen Zülpich's, von der Hohenburg oder dem Tomberge kann nicht in Vergleich kommen zu dem prachtvollen Anblicke, der von hier aus dem Wanderer geboten wird. So weit das Auge reicht, tauchen aus den Saatgefilden und Wiesengründen die Türme der Städte und Dörfer auf und ein hoher Kranz von Waldungen, überragt von den blauen Kuppen der Siebengebirge, schließt rings die herrliche Fernsicht."[12]

Dort auf dem Kaiserstein hat das römische Belgica gelegen. Dort trafen drei Straßen zusammen; die Straße von Marmagen kommend nach Wesseling sowie Abzweigungen nach Bonn und nach Zülpich. Erstmals 1821 und später 1874-1879 hat man am Kaiserstein Funde gemacht, darunter auch Göttersteine; neben Statuen an Jupiter und den genius loci auch an die Göttin

Diana. Ein Altarstein für den persischen Lichtgott Mithras (Lehner Nr. 220) war von Julia Paterna gestiftet, die "soviel Schulbildung besaß, daß sie in ihren Inschriftentext einen Hexameter einschob."[13] Dieser Julia Paterna wurde von ihrem Gatten ein Grabstein gesetzt (Lehner Nr. 784). Ein anderes aufgefundenes Grabdenkmal war 'mit einem Relief mythologischen Inhalts geschmückt'. Es zeigt eine Darstellung der Hesione, die in der griechischen Mythologie durch Herakles von dem Untier befreit wird. Diese Monumente dokumentieren, daß die Bewohner von Belgica gebildet und wohlhabend waren. Das Oberteil eines Matronenaltars fand man 1898 beim Abbruch der alten Kapelle in Billig. Lucius Licinius Severis hatte den Altar den Chandrumanehae geweiht. Dieser Matronenname ist ansonsten nicht bekannt.

Quellenangaben: Zingsheim und Euskirchener Land

1 Vgl. Walter Sölter: Die roten 'Katzenköpfe', ein römischer Steinbruch an den Katzensteinen bei Mechernich-Katzvey, Kreis in: Ausgrabungen im Rheinland 1976, Seite 114

2 Vgl. Josef Klein: Matronensteine aus Zingsheim, in: BJ 86/87, 1895, Seite 150-160

3 Walter Sage: Ein neues Matronenheiligtum bei Zingsheim, Kreis Schleiden, in: BJ 164, 1964, Seite 298

4 Dr. Walter Sage: Bodendenkmalpflege im Landkreis Schleiden, in: Heimatkalender Kreis Schleiden 1966, Seite 36

5 Harald von Petrikovits: Ein Mädchenkopf und andere Plastiken aus dem Heiligen Bezirk in Zingsheim, in: BJ 165, 1965, Seite 192

6 Vgl. Antonius Jürgens: Grabungen und Restaurierungen archäologischer Denkmäler in Nettersheim, in: Rheinische Ausgrabung '76, Januar 1977, Seite 84-97 und Seite 108-109

7 Johann Regh: Römisches Tempelchen oder Benfinziarposten, in: Kreuzweingarten-Rheder-Billig, 1969, Seite 31

8 Gerhard Mürkens: Die Ortsnamen des Kreises Euskirchen, Euskirchen 1958, Seite 20

9 Vgl. Klein: Euskirchen, in: BJ 102/103, 1898, Seite 180

10 Heinrich Kessel: Geschichts- und Wetterspuren an der alten Pfarrkirche in Euskirchen, in: Beiträge zur Geschichte der Stadt Euskirchen und Umgegend, 1911, Seite 125

11 Annalen des historischen Vereins für den Niederrhein, Köln 1859, Seite 213

12 C. A.: Eick: Die römische Wasserleitung aus der Eifel nach Köln, Bonn 1867, Seite 78

13 H. v. Petrikovits: Belgica, in: Führer zu vor- und frühgeschichtlichen Denkmälern, Teil II, Band 26, Seite 146

Matronen und Heilige im Raum Weilerswist

Im Raum Weilerswist zeugen einige Matronensteine von der Verehrung des Weiblich-Göttlichen durch unsere Vorfahren. Dort hat auch die Anbetung von heiligen Frauen eine uralte Tradition. Alte Pilgerpfade erzählen von Wallfahrten von einem 'Gnadenort' zum andern.

Lommersum, Metternich, Heimerzheim und Lechenich

In Lommersum bei Weilerswist stieß man auf Spuren, die eine dortige Besiedlung bereits während der Jungsteinzeit belegen. Archäologisch crfaßt wurden außerdem Grabstätten aus der Römerzeit. Besonderes Interesse fand der bereits erwähnte Pinienzapfen aus einem Bleisarg des 3./4. Jahrhunderts n. Chr.

Die Pfarrkirche von Lommersum steht auf geschichtsträchtigem Boden. Nicht weniger als vier Bestattungsschichten wurden im Boden angeschnitten. Das Turmgeschoß der Pfarrkirche hat Reste einer römischen Anlage bewahrt. Der Zweck des Baus kann zwar nicht eindeutig geklärt werden, jedoch wird angenommen, daß an dieser Stelle einst die Cella eines römischen Tempels stand. Funde aus der Römerzeit bekräftigen diese These, zum Beispiel ein prächtiger römischer Kaiseradler und vor allem ein in der Kirchenwand eingemauerter Matronenstein. Folgendes ist darüber zu erfahren: "In der Wand zur Linken ist ein kleiner Weihestein eingelassen, gewidmet heidnischen Muttergottheiten, den Matronae Romanehae; schon im 17. Jahrhundert ward sein Vorhandensein verzeichnet; dann galt er lange als verschollen, bis man ihn bei größeren Wiederherstellungs- und Ausmalungsarbeiten 1953 in einem Pfeiler in der Kirche vermauert wiederentdeckte."[1]

1963 kam dieser Stein ins Rheinische Landesmuseum, konnte aber wegen seines schlechten Zustands nicht wissenschaftlich untersucht werden. Der Bildnisstein trägt die Inschrift: Matronis Romanehis C. Pulmilenus VSLM (Ihm Nr. 221). Die Romanehae können mit den Rumanehae identisch sein, die von je einem Altarstein in Bonn (Ihm Nr. 208, Lehner Nr. 342), im Haus Bürgel (Ihm Nr. 318), in Jülich (Ihm Nr. 313) und von zwei Matronensteinen aus Üllekofen im Bonner Land (Lehner Nr. 340, 341) bekannt sind. Den Beinamen dieser Matronen als topisch anzusehen, fällt schwer, da die Fundorte weit voneinander entfernt liegen. Die romanehischen Matronen als 'römische' Matronen zu übersetzen, wäre zu einfach. So bleibt auch dieser Beiname unklar.

Metternich, zur Gemeinde Weilerswist gehörend, wurde bekannt durch den 'Münzschatz von Metternich', der aus 5.092 römischen Münzen des vierten Jahrhunderts besteht. Über die Fundstelle 'Kohlhau' machte man sich folgende Gedanken: "Noch um 1920 war für die Fundstelle der Flurname 'An den falschen Nonnen' bekannt, wenn auch schon nicht mehr gebräuchlich. Dieser Name weist entweder auf ein Matronenheiligtum oder auf den Fundort eines Matronenweihesteines hin. Die Matronen waren römisch-keltische Fruchtbarkeitsgöttinnen, die hauptsächlich im Rheinland verehrt wurden. Auf ihren Weihesteinen wurden sie mit großen Kopfhauben dargestellt, die in christlicher Zeit wohl den Anschein von 'falschen Nonnen' erweckten."[2]

Ein kurzer Sprung über die Kreisgrenze des Kreises Euskirchen führt uns nach Heimerzheim. Dort sollen mehrere Matronensteine gefunden worden sein, die aber von den Bauern als 'Heidensteine' zerschlagen wurden. Einen solchen Heidenstein 'mit drei weiblichen Figuren' hatte der 1873 verstorbene Pfarrer Knott von Heimerzheim im Pfarrhaus aufbewahrt.[3]

Nördlich von Weilerswist in Lechenich (Erftstadt) dürfte ebenfalls eine Kultstätte gewesen sein, in der die Matronen verehrt wurden. 1835 war man dort bei Abtragung des alten Kirchhofs auf einen Matronenweihestein gestoßen. Außerdem fand man 1846 den Kopf einer Statue des Jupiters Ammon (Lehner Nr. 229). Das Matronendenkmal wurde zunächst im Rittersaal des Schlosses zu Lechenich aufgestellt und kam später als Geschenk ins Bonner Museum (Lehner Nr. 334, Ihm Nr. 270). Die Inschrift wurde wie folgt er-

gänzt: Matronis Lanehiabus Lucius Ialehnius Secundus et Gaius Challinius Paternus ex imperio ipsarum pro se et suis L. Hier fällt die Ähnlichkeit des Matronenbeinamens mit dem Ortsnamen Lechenich auf. Lehner kommentierte 1918 dazu: "Die klangliche Verwandtschaft der Namen 'Lanehiae', 'Jalehinius', 'Challinius' und 'Lechenich' legt die Vermutung nahe, daß in den Familiennamen und dem Namen Lechenich noch der alte Matronennamen 'Lanehiae' steckt." Die Entstehung des Ortsnamens Lechenich sieht man aber auch wie folgt: "Lechenich ist entstanden aus einem keltischen Gutshof Laconiacum, den ein Kelte Laconius vielleicht schon vor der Ankunft der Römer hier errichtete und nach seinem Namen benannte."[4] Es besteht jedoch auch eine Beziehung zum Rotbach, der Lechenich durchfließt, denn dieser hieß dort in alter Zeit 'Lachen'.
In der aus dem 11. Jahrhundert stammenden Heddinghovener Kapelle in der Nähe von Lechenich sind Reste von Matronensteinen eingemauert, die jedoch überputzt wurden.

In Friesheim (Erftstadt) wurde ein Weihealtar aus feinkörnigem gelblichgrauem Sandstein geborgen, dessen Inschrift die Matronae Vanginehae nannte.[5]

Die heiligen Swister vom Swisterberg bei Weilerswist

Das weit sichtbare Swistertürmchen auf dem Swisterberg bei Weilerswist ist der Rest einer einstigen Pfarrkirche, die im 8. oder 9. Jahrhundert zu Ehren der Töchter der heiligen Sophia entstanden ist. Die Pfarrkirche gehörte zu dem ehemaligen Dorf Swist, der 'einer Kriegsfurie zum Opfer gefallen sein soll' (1588 Truchsessischer Krieg). Die Bewohner haben sich daraufhin im tiefer gelegenen 'Weiler' angesiedelt, wodurch dann Weilerswist entstand. Die Kirche auf dem Swisterberg diente weiterhin als Wallfahrtskapelle.

Die Ursprünge des Swisterturms sieht man in der Römerzeit. Einen rechteckigen Grundriß deutet man als 'Matronenkultraum', in dem einst den Matronen gehuldigt wurde. Ein Steinbild der Matronen soll noch nach 1800 auf dem Swisterberg gestanden haben. 1927 fand man dort einen Weihestein an die Göttin Diana. Das obere Teil einer Steinsäule mit einer bruchhaften Männerfigur deutete man als Sockel für eine Jupiterstatue. Ein Mosaikfußboden, zwei Steinsärge und zahlreiche Kleinfunde belegen ebenfalls eine Nutzung des Platzes zur Römerzeit.
Im Christentum nahmen 'ohne Zweifel' die drei Schwestern Fides, Spes und Caritas den Platz der Matronen ein. Die Statuen der heiligen Schwestern standen bis 1826 im Swisterturm. Die Kirche war zu diesem Zeitpunkt so baufällig, daß man den Abbruch vornahm. Nur der Turm blieb stehen. Die Statuen der drei heiligen Swister wurden von ihrem uralten Platz weggeholt und in die Pfarrkirche nach Weilerswist gebracht, während in dem Turm Ersatzfiguren die Heiligkeit vertreten mußten.

Als die Renovierungsarbeiten abgeschlossen waren, berichtete das Euskirchener Wochenblatt am 19. Oktober 1850 recht poetisch über das Schmuckstück auf 'heiterer Höhe': "In der Nähe von Weilerswist, dicht an der Heerstraße, die von Euskirchen nach Köln führt, erhebt sich in heiterer Höhe der Schwister Berg, auf dem man jüngst noch eine dem Verfalle nahe Ruine, die Reste einer alten Kapelle erblickte. Die romantischen Trümmer sind nicht mehr, aber wir haben es nicht zu beklagen, daß sie verschwunden sind. Auf der Stätte des wehmütigen Andenkens an die Frömmigkeit vergangener Zeiten ist durch die Opfer der biederen Thalbewohner ein Schatz gegenwärtiger Gnade erschlossen worden. Aus einem steilen Pfade, der ehemals nach jener heiligen Stätte führte, ist nun eine mit Linden bepflanzte Allee gebildet, welche den Pilger zum Ziele seiner Wallfahrt führt, dorthin, wo er durch inbrünstiges Gebet zu den heiligen drei Jungfrauen Fides, Spes und Charitas sein Herz zum Himmel erhebt, da wo ein dem Sturm sich beinahe beugendes Mauerwerk stand, sieht man jetzt eine freundliche Kapelle:

Fides, Spes und Charitas,
Die himmlischen Geschwister,
Ehren ohne Unterlaß
Fromme Weilerswister.
Doch auch ihr im fernen Land
Kommt zur heiligen Stelle,
Betet an des Berges Rand
In der Bergkapelle..."[6]

Die heiligen Schwestern waren Beschützerinnen der Frauen und halfen besonders den Gebärenden. Es waren wohl die Männer, die annahmen, daß junge Mädchen zu den Heiligen pilgerten, 'um einen Mann zu erlangen'. Bräute von Weilerswist sollen die steile Höhe in dunkler Nacht erklettert haben, wenn ihre 'zarte Sehnsucht' und ihr 'süßes Hoffen' in die Brüche zu gehen drohten. In den umliegenden Orten glaubten die Kinder, die Babies kämen aus dem Swisterturm. Zuständig waren die Heiligen vom Swisterberg außerdem für das Vieh und für eine gute Ernte.

Der Überlieferung zufolge sind die drei heiligen Schwestern auf dem Swisterberg begraben worden (obwohl sie als Legendengestalten nie gelebt haben). In der alten Kirche auf dem Swisterberg wurden Reliquien der heiligen Jungfrauen aufbewahrt, die jedoch 1662 'weggeführt wurden'. Von weither kamen früher Prozessioen zu Ostern zu dem Swisterberg: aus Bonn, Endenich, Lessenich, Lengsdorf, Hersel, Witterschlick und anderen Orten.
Die Rosenkranz-Fürbitten zeigen die Segenskraft der Heiligen auf:

> "daß du, o Gott, uns durch die Fürbitten der heiligen drei Jungfrauen
> vor Pest, Seuche, Hunger und Krieg behüten und beschützen wollest,
> Fruchtbarkeit und gute Ernte schenken wollest,
> Wachstum in Glaube, Hoffnung und Liebe verleihen wollest."[7]

Bis vor Jahren pilgerten zu Pfingsten Gläubige aus Buschhoven nach Weilerswist. Sie knüpften damit das große Netz des flächendeckenden Pilgerwesen und bewahrten wahrscheinlich eine Tradition aus der Kelten- und Germanenzeit. So schließt sich in Weilerswist "der Kreis von der mystischen Mütterverehrung der Urzeit bis zur Heiligenverehrung der Gegenwart."[8]

Der Swistbach und angrenzende Gebiete

Der Swistbach wird auch Schwesternbach genannt. Für die Bevölkerung ist es selbstverständlich, daß der Bachname von den heiligen Schwistern herrührt. Sprachforscher sehen als ligurische Wurzel das Wort vis=fließend, das zu Zwista und schließlich zu Swist wurde. Der Swistbach ist ein rechter Nebenfluß der Erft. Sein Quellgebiet liegt bei Kalenborn (bei Altenahr). Er fließt durch Meckenheim, Lüftelberg, Flerzheim, Heimerzheim, Metternich, Weilerswist und mündet bei Bliesheim in die Erft. Wie so mancher andere Bach hat auch der Swistbach die Verehrung von Göttinnen und Heiligen angezogen.

Berkum

Eine Matronenpilgerstätte war vielleicht im östlich von Meckenheim gelegenen Berkum in der Nähe des Wachtbergs. Dort war man 1879 im Wald 'unweit des Karpenhofes' auf Bruchstücke von Matronensteinen gestoßen, die man zu mehreren Weihesteinen zusammenfügen konnte (Ihm Nr. 198-205; Lehner Nr. 264-276). Die Weihesteine waren den Atufrafinehae geweiht, die auf einem Stein die 'Göttinnen der Heimat' genannt werden und hier in Berkum nahe der alten Römerstraße ihr Heiligtum hatten.

Meckenheim

In Meckenheim fand man 1889 beim Abbruch der alten Pfarrkirche einen in zwei Stücken zerbrochenen Matronenstein. Man war sich sicher, daß der Stein aus einem nahen Matronenheiligtum stamme. Die Höhe des Steins beträgt 0,98 m. Die Seitenflächen zeigen je einen Palmbaum. Die Vorderseite ist von einer Inschrift bedeckt, die auf dem oberen Teil noch sehr gut erhalten war: "Dieselbe ist äußerst sorgfältig ausgeführt; um die gleiche

Größe der Buchstaben und die gleiche Entfernung der Zeilen voneinander zu sichern, hat der Steinmetz Linien gezogen, deren Spuren noch mehrfach erkennbar sind."[9] Der Weihestein mit der inzwischen nur noch schlecht zu entziffernden Inschrift steht neben dem Turm der Meckenheimer Kirche (Tafel VII, oben links), die Johannes den Täufer als Pfarrpatron hat. Gerade diese Johanneskirchen weisen auf alte Göttinnenverehrungen hin. Die Weihe-Inschrift lautet: Matronis Fernovineis M. Pompeius Paternus. Der Beiname ist auch von einem Matronenaltar aus Köln bekannt (Fernovinehis). Der Bestandteil 'ovin' ist als -hoven in vielen Ortsnamen rund um Meckenheim enthalten: Moorenhoven, Müttinghoven, Peppenhoven, Oedekoven, Ramershoven und Buschhoven.

Buschhoven

Buschhoven im Kottenforst (etwas östlich des Swistbachs) ist seit dem Jahr 1190 ein Marienwallfahrtsort. Als 1921 Pfarrer Tent nach Buschhoven kam, beschäftigte er sich mit der Geschichte des heiligen Wallfahrtsortes: "Er fühlte sich als Hüter und Bewahrer uralter Traditionen mit zwar heidnischen, aber durchaus humanitären, menschenfreundlichen religiösgebundenen Grundlagen und Wurzeln, auf die gemäß christlicher Missionierungsgepflogenheiten ein 'edles Reis christlicher Ideologie' aufgepfropft wurde, wobei der Rose als Symbol der Schönheit und Mütterlichkeit, zugleich Sinnbild der Muttergottes, der Rosa mystica, eine assoziative übersinnliche Rolle zugewiesen wird."[10]

Der 'Rosenpastor' stellte fest, daß die christliche Rosa-mystica-Verehrung sich an einem vorchristlichen Matronenkult orientiert hatte und sah direkte Verbindungen zwischen den heidnischen Muttergöttinnen und der Mutter Gottes. Er machte sich Gedanken über den Matronenkult, über den Schoß der Mutter und über Festprozessionen in keltisch-germanischer Zeit: "Die einheimische Götterwelt wird im 2. und 3. Jahrhundert ganz wesentlich von den Matronen repräsentiert. Sie wurden als Trias (Dreiheit) von Schutzgöttinnen vor allem von der Landbevölkerung verehrt. Hoch über ihnen schwebten, nur noch schemenhaft erkennbar und auch im Bewußtsein der Menschen in graue Ferne gerückt, Großgötter wie Wodan, Ziu und Donar. Auf der charakteristischen Matronendarstellungen tragen sie, umgeben von Rosen und Rosengirlanden, einheimisch ländliche Tracht und landwirtschaftliche Erzeugnisse auf dem Schoß. Meist zu dritt in einem Tempelchen sitzend und von Pilastern flankiert, schmücken sie lange Mäntel und große Hauben. Nur die mittlere, durchweg die schönste und jüngste im wohltätigen Trias, bleibt unbedeckt... In den Schoß der Mutter flüchteten Notleidende und Bedrängte. Er versprach neues, immerwährendes Leben, hier fand der Tod seine Grenzen. Das älteste, aus dem griechischen Kulturkreis stammende Gebet an Maria wird aus dem 3. oder 4. Jahrhundert überliefert. Sein Anfang, ins Lateinische mit 'sub tuum präsidium' übersetzt, im Deutschen durch den wundervollen Stabreim 'unter deinen Schutz und Schirm' nachvollzogen, müßte eigentlich korrekt aus dem Griechischen übertragen 'wir flüchten uns in deinen Mutterschoß' lauten... Zu großen Feiern vereinigten sich die Anhänger des Matronenkults zu einer mythischen Glaubensgemeinschaft in Festprozessionen, welche Statuen der Gottheiten, reich mit Blumen und Kräutern geschmückt, zur angehenden Sommer- und Erntezeit durch Felder und Fluren, vorbei an Rosenhecken und unter kunstvoll errichteten Triumphbögen aus Rosengirlanden mit sich führten."[11]

In christlicher Zeit wurde das Gnadenbild der Muttergottes in einer feierlichen Prozession von weißgekleideten Jungfrauen durch Feld und Flur sowie durch das festlich geschmückte Buschhoven getragen. Der Hauptfesttag: Das Fest Johannes des Täufers, der 24. Juni.

Die Frauen von Buschhoven halten bis heute an der alten Pilgertradition fest, von einem Wallfahrtsort zum andern zu pilgern. Das Ziel ihrer Prozession im Juni jeden Jahres ist ein anderer Frauen-Wallfahrtsort: Meckenheim-Lüftelberg.

Lüfthildis von Lüftelberg und der Jungfernpfad

Der Ort Lüftelberg führt seinen Namen nach der heiligen Lüfthildis. Wann diese Heilige gelebt hat, ist unsicher. Die Legende setzt sie einerseits in die legendäre Lebenszeit der Heiligen Fides, Spes und Caritas, andererseits in die Zeit Karls des Großen. Begraben ist die heilige Jungfrau in der Pfarrkirche des Ortes. Ursprünglich war das Grab mit einer Kalksinterplatte aus dem Römerkanal, der den Ort streift, bedeckt. Nach einer Renovierung hat die Platte, die durch eine sehr schöne Musterung des Kalksinters besticht, in einer kleinen Nebenkapelle der Kirche Aufstellung gefunden.[12]
Bereits nach 1200 hatte nachweislich die Lüfthildis-Verehrung große Bedeutung. Heidnische Kultideen haben sich mit dem Kult dieser Volksheiligen vermischt. Die Attribute der Lüfthildis sind altbekannte Symbole: Die Spindel und das Brot. In den Lüfthildis-Legenden spielt die Rutensymbolik des Ginsters eine Rolle. Lüfthildis schützt die Wildgänse und erweckt mit ihrer Spindel sogar einen toten Wildvogel wieder zum Leben. Mit ihrer Spindel markiert sie eine Grenze, die den Namen Lüfthildisgraben erhält.

Offensichtlich gab es in alten Zeiten nicht nur eine Verbindung zwischen Lüftelberg und Buschhoven, sondern auch zwischen Lüftelberg und Weilerswist, dem Ort der heiligen Lüfthildis und dem Ort der heiligen Schwestern. Der Lüfthildiskult und der Swisterkult sind vielleicht auf einen gemeinsamen Matronenkult zurückzuführen. Die beiden 'Gnadenorte' an der Swist waren durch einen alten Pilgerpfad miteinander verbunden, der 'seit Menschen Gedenken' der Jungfernpfad genannt wurde. Dieser führte von Lüftelberg über Witterschlick, Oedekoven, Gilsdorf, Alfter, Brenig und Hemmerich nach Weilerswist. Er streifte ein Waldgebiet namens Jungfernbruch, wo der Alfterer Bach entspringt. Streckenweise wurde der Jungfernpfad auch Heidweg und Hellweg (Helpath) genannt. Auffallend ist, daß der Jungfernpfad, der durch das moderne Straßennetz weitgehend zerstört ist, nicht den kürzesten Weg zwischen Lüftelberg und Weilerswist entlang der Swist wählte, sondern einen weiten, östlichen Bogen machte. Es gab sicher einen schwerwiegenden Grund für diesen Umweg, der uns jedoch verborgen bleibt. Erst in Weilerswist trafen die Pilger von Lüftelberg wieder auf den Swistbach.

Daß der Name 'Jungfernpfad' nach den Jungfrauen vom Swisterberg benannt ist, steht außer Frage. In einer Legende gehen Fides, Spes und Caritas von Lüftelberg nach Weilerswist. Zwei Orte am Jungfernpfad sind darin genannt: Alfter und Brenig mit seiner uralten Kapelle. In der Erzählung ebnet sich der Weg, wird blank (hell-Hellweg) und Blumen erblühen: "Hochgeachtet lebte in Lüftelberg die heilige Lüfthildis. Der Ruhm ihrer Gottseligkeit und der guten Werke, die sie dort übte und wodurch sie die Heiden zur Bekehrung veranlaßte, war bis nach Rom gedrungen. Dort lebten drei Schwestern, Fides, Spes und Charitas, deren Herz vor Sehnsucht brannte, der gottseligen Dienerin Christi nachzufolgen und zur Ehre Gottes und für das Heil der Seelen sich aufzuopfern. Lüfthildis kam ihrem Wunsche entgegen, indem sie dieselben einlud nach Weilerswist zu gehen und dort um Christi willen für das Wohl der Menschen zu wirken. So kommen sie von Rom. Ihr Weg führte sie zuerst nach Lüftelberg, um die Gottesmagd zu besuchen und ihr zu danken. Als die drei Schwestern von Lüftelberg Abschied genommen hatten, reisten sie über Alfter nach dem Orte ihrer Bestimmung. Da zeigte Gott, daß er mit ihnen sei; denn der Weg, den sie zu gehen hatten, ebnete sich und wurde blank vor ihren Augen, Blumen sproßten hervor, wo ihre Füße traten, und als sie in die Nähe von Brenig kamen, begannen dort die Glocken von selbst zu läuten. Auf dem Geschwisterberg, so heißt noch jetzt Weilerswist im Munde des Volkes, nahmen die heiligen Schwestern im Schwisterhof daselbst Wohnung und begannen sofort den Leuten viele Wohltaten zu erweisen. Kein Stück Vieh wurde mehr krank und die Feldfrüchte gediehen nach Wunsch..."[13]
Eine andere Legende berichtet von einer 'Fernheilung' von Lüftelberg nach Hoven bei Zülpich: "Eine Äbtissin von Hoven war es, welcher einst die heilige Lüfthildis im Traum erschien und ihr ein Kraut zeigte, das einen schwer erkrankten Wohltäter des Klosters gesund machen würde. Und die

Äbtissin erhob sich am Morgen und fand das heilende Kraut an einem Brunnen des Klosterhofes, worauf sie sich alsogleich zu dem Kranken begab und ihm den Saft des Gewächses zu kosten gab, davon er genas. Das Kraut aber sei fortan für die Heilkunde sehr wichtig geworden."[14]

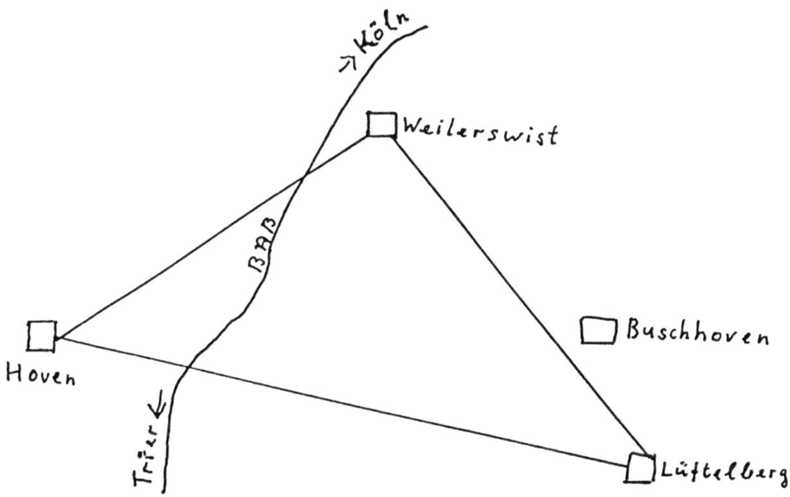

Alte 'Gnadenorte' und Wallfahrtsstätten

Quellenangaben: Raum Weilerswist

1 Dr. Franz Schorn: Lommersums Pfarrkirche im neuen Gewand, in: Heimatkalender Kreis Euskirchen 1972, Seite 116
2 Hans Rhiem: Spuren der Römer in Metternich, in: Weilerswister Heimatblätter Nr. 2/1989, Seite 4
3 Vgl. BJ 57, 1876, Seite 206
4 Gerhard Mürkens: Matronensteine aus der Umgegend von Euskirchen, in: Festschrift 100 Jahre Gymnasium Euskirchen, Euskirchen 1971, Seite 163
5 BJ 184, 1984, Seite 605
6 zitiert bei: Peter Simons: Weilerswist, Geschichte der kurkölnischen Herrlichkeit von den ältesten Zeiten bis auf die Gegenwart, Euskirchen 1939, Seite 54
7 Dr. Franz Schorn: Der Swister Turm, o. J., Seite 4
8 Sophie Lange: Matronenkult, mystische Mütterverehrung im Wandel der Zeiten, in: Kreis Euskirchen Jahrbuch 1986, Seite 92
9 Dr. Klinkenberg: Ein neuer Matronenstein, in: BJ 87, 1889, Seite 215
10 Johannes Josef Hoffmann: Pfarrer J. W. Tent -Rosenpastor zu Buschhoven, in: 800 Jahre Wallfahrt zur Rosa mystica 1190-1990, Seite 48
11 a.a.O., Seite 47-48
12 Vgl. Klaus Grewe: Der Römerkanal-Wanderweg, Düren 1988, Seite 124, Nr. 46
13 Dr. Kessel: Der Jungfernpfad zu Alfter und Umgegend, in: BJ 57, 1876, Seite 202
14 Dr. Magdalene Frank: Die Volksheilige Lüfthildis von Lüftelberg und ihre Attribute in Legende, Kult und Brauch, in: Studien zur Kölner Kirchengeschichte, 3. Band, Düsseldorf 1959, Seite 32

Weitere benutzte Literatur zu Raum Weilerswist:

Matronensteine von Berkum, in: BJ 67, 1879, Seite 49

P. Clemens: Die Kunstdenkmäler des Kreises Euskirchen, Düsseldorf 1932

Albert Esser: Frühgeschichtliche und römische Bodenfunde im nördlichen Kreisgebiet, in: Heimatkalender Kreis Euskirchen 1967, Seit 68-77

Das Rheingebiet

Der Rhein war einst ein heiliger, heilender Strom. Die Heiligkeit wird mehrmals in alten Überlieferungen hervorgehoben. Als zur Zeit des Königs Pippin ein ausgetriebener Teufel sich in den Rhein stürzen wollte, verwehrte der Bischof ihm das energisch mit der Begründung, daß der Rhein durch viele Wunder durchleuchtet und heilig sei; viele Naturkräfte hätten ihn geadelt. Als bei einer Aussatz-Epidemie alle Heilmittel nichts halfen, erinnerte man sich daran, daß das Baden im Rhein heilend wirkte, denn der Himmel habe diesem Strom wundersame Heilkraft verliehen.

Köln: Frauen und Matronen am heiligen Rhein

Oft zitiert ist der italienische Dichter Petrarca (1304-1374), der bei einem Besuch 1330 in Köln ein Frauenritual am heiligen Rhein erlebte: "Es war gerade am Vorabend des Johannisfestes, als ich ankam, und die Sonne wandte sich zum Niedergang; da ging ich auf den Rat meiner Freunde alsbald mit an den Rhein, um ein ungewöhnliches Schauspiel zu sehen. Und ich wurde nicht enttäuscht. Das ganze Ufer war bedeckt von einer herrlichen Schar von Frauen und Mädchen. Ich stand erstaunt. Ihr gütigen Götter, welche Gestalt, welche Gesichtsbildung, welches Benehmen! Man hätte sich verlieben können, hätte man nicht ein schon zuvor eingenommenes Herz mit dahin gebracht. Unglaublich war der Zulauf, doch ohne Gedränge; alles atmete Mut und Freude. Ein Teil hatte sich mit wohlriechenden Kräuterranken bekränzt, und mit zurückgestreiftem Gewande wuschen sie die weißen Arme und Hände im Flusse, wobei sie in ihrer Sprache unverständliche, doch wohllautende Sprüche wechselten. Als ich nach der Bedeutung des seltsamen Beginnen fragte, erhielt ich zur Antwort: Es sei ein uralter Brauch des Volks, der Frauen namentlich, alles im ganzen Jahre bevorstehende Unheil durch die Abwaschung im Flusse an diesem Tag wegzuspülen, worauf dann nur Frohes begegne; es sei also eine jährliche Lustration, die man von jeher unverbrüchlich gehalten habe und halten werden."[1]

Dieses Bild hat später immer wieder begeisternde Bewunderung für die Kölnerinnen hervorgerufen: "Ob Gottesmütter, Märtyrerinnen und Bekennerinnen, ob Königinnen oder Äbtissinnen, Patrizierinnen oder Bürgerinnen, ob Rittersfrauen oder Bäuerinnen- sie alle zeigen in ihrem äußeren Bilde ihre innere Wesengemeinsamkeit... Starke Mütterlichkeit strahlt von ihnen aus. Wahre Volksmütter sind sie, Frucht- und Segenspenderinnen wie die Matronen der Vorzeit, ihre Ahnfrauen."[2]

Das Ritual der Frauen am Vorabend des Johannistages wurde als Erinnerung an die Taufe der ersten Christen gesehen: "Johannes taufte im Jordan, in einem Flusse. Längere Zeit hindurch hatte die christliche Kirche keine geschlossenen Räume zur Verrichtung der Taufe. In Bächen und Flüssen, in Strömen und Seen, überhaupt da, wo sich in der freien Natur hinlänglich Wasser darbot, wurde die Taufe erteilt. Die Neubekehrten begaben sich in größerer oder geringerer Anzahl, einzeln oder in Scharen an die Bäche und Ströme, um durch die Taufe in die Kirche aufgenommen zu werden."[3]

Diese christlich-orientierte Deutung erklärt jedoch nicht, warum nur Frauen dieses Reinigungsritual durchführten. Die Ursprünge werden also eher in vorchristlichen Zeiten liegen. Der Johannistag wird am 24. Juni gefeiert, also zur Zeit der Sommersonnwende. Da das Ritual bei Sonnenuntergang stattfand, ist eine Verbindung viel eher zu diesem Naturereignis gegeben als zum Festtag Johannes des Täufers. Schade, daß das Ritual nicht weiter beschrieben wurde, denn kultische Reinigungszeremonien waren in der Regel Vorbereitung für ein mystisch-magisches Fest. Da Frauen eine viel intensivere Beziehung zum lebenspendenden Wasser und damit auch zur 'Mutter Rhein' hatten, war ihnen sicher dieses Ritual vorbehalten. Wie in Köln werden sich einst überall an Quellen und Wasserläufen Frauen zur Sommersonnwende auf die Zeit der hohen Sonne vorbereitet haben.

In seiner Segens- und Reinigungsfunktion fand das Wasser Einlaß in den christlichen Kultus. Viele Brunnen an Kirchen erzählen davon. In Köln war unter dem Chor der im 7. Jahrhundert gegründeten Kunibertskirche ein

Brunnen, aus dem Kölner Frauen einst ihren 'Ehesegen' schöpften. Reste der heidnischen Waschungen haben sich im Eintauchen der Finger in Weihwasser erhalten: "Das Waschen der Füße, der Hände und des Angesichts beim Eintritt in die Kirche reduzierte sich bis auf die Zeremonie weniger Weihwassertropfen und selbst diese wurde wegen des sich anknüpfenden magischen Momentes aus der evangelischen Kirche entfernt."[4] Beim Betreten von katholischen Kirchen ist die Vollziehung des 'magischen Momentes' bis heute üblich.

Zurückblickend auf die Geschichte erinnern wir uns daran, daß die Ubier um 30 v. Chr. in das zertrümmerte, entvölkerte Eburonenland am linken Rheinufer der Kölner Bucht umgesiedelt waren. Im Gebiet der heutigen Kölner Altstadt entstand der ubische Zentralort (*oppidum*). Hier lag auch das zentrale Heiligtum (*Ara*), das namengebend für die Siedlung wurde: Oppidum Ara Ubiorum. Agrippina, die im Jahr 15 oder 16 n. Chr. in der ubischen Siedlung geboren wurde, ließ nach ihrer Heirat mit Kaiser Claudius ihren Geburtsort im Jahre 50 n. Chr. zur *colonia* (Veteranenkolonie) erheben. Nach ihr benannten die Ubier ihre Siedlung nun Colonia Claudia Ara Agrippinensium (CCAA).

In der CCAA bestanden zahlreiche Tempel und Heiligtümer. Manche sind literarisch bekannt, andere wurden archäologisch ergraben oder durch Inschriftenfunde bezeugt. Manche Kirche im heiligen Köln steht auf römischen Grundmauern (Tempel?) und vielleicht auch an Stätten einstiger keltisch-germanischer Kultplätze. Auch der Dom hat seine Vorgänger gehabt: "Bis hinein in die Nebel der Frühzeit war der Domhügel ein heiliger Ort. Wenige Kirchen bauen auf einer so einzigartigen Sammlung vorchristlicher Kulte auf wie der Dom. Wenn dazu die Behauptung stimmt, daß, je größer der Kraftort, um so größer die Kirche sei, dann haben wir es hier wirklich mit einem besonderen Ort der Kraft zu tun."[5]

Die Colonia war ein Schmelztiegel vieler religiöser Strömungen, die 'eine gewisse Unheitlichkeit' entstehen ließen. Das ganze Pantheon der römischen Götterwelt war vertreten; daneben wurden die einheimische Gottheiten ebenso verehrt wie Isis und Kybele (Tafel I: Große Göttermuter). Bei den

keltisch-germanischen Segensgöttinnen hatten u. a. Epona, Apadeva, Nehalennia und eine Göttin Vagdavercustis nachweislich in der CCAA ihre Anhängerschaft.
Der Matronenkult hatte ebenfalls seinen Platz in der Colonia. An verschiedenen Stellen wurden Matronen-Weihesteine gefunden, die zum größten Teil im Römisch-Germanischen Museum aufbewahrt werden. Von einem einheitlichen Bild kann auch bei den Matronen nicht die Rede sein. Gestreute Fundorte und unterschiedliche Beinamen lassen auf Verehrung innerhalb kleiner Familienverbände schließen.
Inschriften und Bildnisse der Göttinnen zeigen die bekannte Form. Wie die Matronensteine in der Eifel und in Bonn, so sind auch die Matronenaltäre von Köln im 2. und 3. Jahrhundert aufgestellt worden.
Ein Matronentempel ließ sich in Köln nicht nachweisen, jedoch läßt eine Häufung von Funden westlich des Doms, zu Füßen des Domhügels, eine Matronen-Kultstätte vermuten. Gefunden wurden dort in der Straße 'Unter Fettenhennen, gegenüber dem Ausgange des Margarethenklosters' im Jahr 1892 ein Inschriften- und ein Bildnisstein, die den boudunnehischen Matronen geweiht waren. Den Bildaltar errichtete Dossonia Paterna: Matronis Boudunneihis Dossonia Paterna. Die Skulptur ist wie folgt beschrieben: "Die drei Matronen sitzen in einer Nische, deren Muschelgewölbe von je einer Victoria rechts und links getragen wird. Die Victorien schweben auf Weltkugeln. Die Göttinnen, von denen die beiden äußeren die einheimische Haube tragen, halten Körbe mit Früchten und Ährenbüschel in den Händen. Die seitlichen Bildfelder zeigen tanzende Schutzgötter, die Füllhörner tragen."[6] (in: Kölner Führer zu den Steindenkmälern, I 1974, unter Nr. 25 eingetragen. Matronensteine dieses Verzeichnisses mit 'Köln Nr...' gekennzeichnet.) Der Inschriftenstein nennt Marcus Nigrinius Serenus als Stifter (Köln Nr. 23). Ebenfalls 'Unter Fettenhennen' wurde ein kleiner Inschriftenaltar gefunden, mit dem Julia Allua, Tochter des Priscus, die udraverinehischen Matronen ehrte (Köln Nr. 7). Ein anderer Weihestein nennt die vallabnehischen Matronen (Köln Nr. 9). Auf einem Bruchstück waren die drei Göttinnen zu erkennen, die Inschrift war zerstört (Köln Nr. 12).

An der Burgmauer, nicht weit von dem Matronenplatz 'Unter Fettenhennen' entfernt, wurden drei Matronensteine gefunden. Die Matronen tragen unterschiedliche Beinamen. Einmal hat ein Caldinius den Matronis Aumenahenis auf Anordnung einen Weihestein gesetzt (Köln Nr. 2, Ihm Nr. 276). Diese Matronen tauchen als Matribus Aumenahenis auf einem weiteren Weihestein auf. Heute beschützen die aumenahenischen Matres auf einem Abguß den zu ihren Füßen fließenden Verkehrsstrom (Durchgang Passage gegenüber der Antoniterkirche, Schildergasse). Ein Altarstein für die axsinginehischen Matronen zeigt die Göttinnen in ihrer üblichen Tracht mit Fruchtkörben. Die Nebenseiten zeigen Opferdiener, die einen Krug bzw. einen Becher in der Hand halten (Köln Nr. 3, Ihm Nr. 281). Ein weiteres Bildnismonument hat M. Marius Marcellus den Matronis Afliabus für sich und die Seinen auf Anordnung der Göttinnen geweiht (Köln Nr. 5, Ihm Nr. 282). Die Afliae, die in der Dativform Aflims auch in Wesseling vorkommen (Ihm Nr. 272, Lehner Nr. 251), hat man als topische Bezeichnung mit der Eifel (Aiflia) in Verbindung gebracht. Eine Sinndeutung sieht die Afliae als 'nicht prahlende Künderinnen', aber auch als 'die Stärkenden'.
In der Zülpicher Straße wurde im September 1889 beim Abbruch einer alten Scheune ein Aufanienstein gefunden, der ins Bonner Museum kam (Lehner Nr. 319). Der Umstand, daß der Altar als Füllstück in den Fundamenten der Scheune verwendet worden war, ließen vermuten, daß er von seinem ehemaligen Aufenthaltsort verschleppt worden war. Es sind die drei Göttinnen mit 'flachen Körbchen mit runden Früchten' auf dem Schoß zu erkennen. Ein ehrenvoll entlassener Soldat namens Marcus Valerius Superans hat mit dem Altarstein sein Gelübde eingelöst. Er wird den Kult dieser Schutzgöttinnen in Bonn oder Nettersheim kennengelernt haben.
Andere Fundstellen von Matronensteinen in Köln sind: Aachener Straße (Matronis Lubicis), Frankenplatz (Meditautehis), Gereonshof (Matronis Mahlinehis), zwischen Bürgerstraße und 'Unter Goldschmied' (Fernevonehis, wie Meckenheim), Hohe Pforte (Diabus Malvisis et Silvano). Bei 'Aufgrabungen zur neuen Wasserleitung zwischen der neuen Mauritiuskirche und der Pfarrei' entdeckte man 1868 einen Altarstein, der den Medicinis geweiht

war (Köln Nr. 26, Ihm Nr. 448), die jedoch keine speziellen Heilgöttinnen waren. Als Stifterin zeichnet Marinia Antulla, die -wie manche andere Frau- den Altarstein auf Geheiß der Göttinnen aufgestellt hatte.[7]
Insgesamt sind für Köln 30 Matronenweihungen mit 15 verschiedenen Beinamen nachgewiesen. Dazu kommen noch Weihungen an die Gantunen, die als lokale Schutzgottheiten möglicherweise zu den Matronen gehörten. Erwähnt sei noch ein Stein aus dem Jahre 223, der in Köln-Deutz gefunden wurde. Der Matronenbeiname lautet Suebis (Ihm Nr. 289). Ebenfalls auf 'geweihtem Boden' in Deutz wurde zu Anfang des 19. Jahrhunderts ein Altar für die Göttin Nehalennia gefunden.
Der bekannteste Stifter der CCAA ist Quaestor Q. Vettius Severus, der den aufanischen Matronen einen Weihestein setzte. Dieser älteste und schönste Weihestein wurde in Bonn gefunden und wahrscheinlich im dortigen Aufanienheiligtum von dem Kölner Stadtkämmerer aufgestellt (Tafel V, oben).
Neben den großen Altären wurden kleine Statuetten dem Vorbild der Großplastiken nachgebildet und aus Ton serienmäßig in Massenproduktion hergestellt. Aus dem 1. und 2. Jahrhundert sind im Bereich der CCAA zahlreiche Töpfereien bekannt, die auch Terrakotten der Matronen herstellten. Diese dienten als Hausaltäre oder wurden als Votivgaben bei Wallfahrten mit zu den Kultstätten genommen. Gefunden wurden die CCAA-Matronen-Terrakotten nicht nur in Köln, sondern auch u. a. in Bonn, Xanten, Jülich, Tongeren und Worms. Die Göttinnen sind einzeln oder als Dreiheit dargestellt.
Es war nicht leicht, das Bildnis der Steinmonumente in Miniaturausgaben wiederzugeben: "Es besteht ein Unterschied zwischen Anspruch und Ergebnis, die klassische Darstellung der ubischen Matronen nach den steinernen Vorbildern in kleinplastische Tonstatuetten umzusetzen. Die Ausführung zeigt einige Mängel, die nicht allein in den kleineren Gestalten begründet liegen... Die Angabe der Gesichtszüge beschränkt sich auf das Notwendigste, zum Zwecke einer einheitlichen Höhe ist das Haar der mittleren Göttin unnatürlich hoch aufgebauscht. Das Flechtwerk am Rahmen und an der Füllung ist als Schraffur oberflächlich eingeritzt. Die bei genauer Betrach-

tung schlichte Darstellung wurde durch eine Bemalung belebt."[8]
In einem Bericht von 1900 wurde eine Terrakotta mit Matronendreiheit folgendermaßen beschrieben: "Dargestellt ist eine Bank mit Sitz- und Fußbrett, mit Seiten- und Rückenlehnen. Der obere Abschluß der letzteren ist durch Rundbogen in drei Teile gegliedert, und so wird angedeutet, daß die Bank drei Plätze hat. Diese sind von drei weiblichen Gestalten matronalen Aussehens eingenommen, die sich über ihr wenig vorteilhaftes Äußere bei dem provinzialen Künstler beschweren mögen."[9] Nicht beschweren können sich die Terrakottamatronen, daß ihr Schöpfer ihren Schmuck nicht beachtet hat. Die Mondsichel am Hals der drei göttlichen Frauen ist sehr gut herausgearbeitet (Tafel VII, unten).
Wie bereits gezeigt, lebten die Matronen in Köln seit dem 11. Jahrhundert in der Heiligengeschichte als 'Sophia cum tribus filiabus Fidei, Spei, Caritatis' (s. Christentum) weiter. Als weiße Spukgestalten machten sie Köln bei Nacht unsicher.

Im Gebiet von Rhein und Erft

Nur kurz sollen einige Fundorte von Matronensteinen erwähnt werden, die nicht direkt zu dem hier behandelten Gebiet gehören. Vier Weihesteine wurden im Haus Bürgel bei Monheim (Ihm Nr. 316-319), einem ehemaligen römischen Kastell, gefunden, darunter ein Aufanienstein. Ebenfalls ein Weihestein für die aufanischen Matronen und drei weitere Altäre wurden in Holland bei Nimwegen und Umgebung gesichert (Ihm Nr. 335-339). Weitere Verehrungsstätten der Matronen waren Gladbach (Ihm Nr. 320), Qualburg (Ihm Nr. 333), Kleve (Ihm Nr. 334), Birten (Lehner Nr. 345) und natürlich Xanten (Ihm Nr. 328-332 und neuere Funde). Die Fundamente eines Matronentempels legte man in Xanten innerhalb des jetzigen Archäologischen Parks frei. Eine annähernd quadratische Cella von 5,70 mal 5,20 m war von einem Umgang umgeben, der von Pfeilern oder Säulen getragen wurde. Im

Plan der CUT (Colonia Ulpia Traiana) erscheint der Grundriß des Heiligtums seltsam ‘schief’. Der heilige Bezirk weicht -wie in Nettersheim- von dem Schema der Straßen und Bauten der Siedlung ab; sicher ein Fingerzeig, daß an dieser Stelle schon vor den Römern die einheimische Bevölkerung ihre Göttinnen verehrte und die Lage dieses Heiligtums von den Römern nicht geändert wurde. Gefundene Fragmente von Weihesteinen deuten auf die aufanischen Matronen hin, aber auch andere Beinamen sind belegt.

Im Gebiet von Rhein und Erft erzählen Funde in folgenden Orten von der großen Beliebtheit der drei Göttinnen.

Wesseling

In Wesseling fand man 1882 zwei Altarsteine; einer ist den Matronis Aflims gewidmet, die als Afliae in Köln (Burgmauer) vorkommen. Der andere gilt den Junonen und zeigt auf der linken Schmalseite einen Delphin und Bäume mit birnenähnlichen Früchten; auf der rechten Schmalseite sind ein Baum und eine große birnenartige Frucht abgebildet. Diese beiden Göttinnensteine kamen als Geschenk ins Bonner Landesmuseum (Ihm Nr. 272, 271, Lehner Nr. 251,546).

Hermülheim

Dort, wo heute der Bahnhof von Hermülheim (Hürth) ist, haben einst Menschen ihre Sorgen und Nöten in einem Heiligtum den Matronen vorgetragen. Sechs Matronensteine wurden dort gefunden (Köln Nr. 6, 8, 16, 17, 18, 22). Alle nennen den Beinamen ‘Audrinehae’, auch hier in unterschiedlicher Schreibweise. Eine Frau namens Superinia Primula hat mit einem kleinen Altarstein für die audrinehischen Matronen ihr Gelübde eingelöst.

Altenberg

Ein Frauenname steht auf einem Weihestein, der in Altenberg entdeckt wurde. Die genaue Fundstelle ist nicht bekannt. Die Inschrift lautet: Matronis Gesahenis Latinia Fucca VSLM (Ihm Nr. 290).

Gleuel bei Hürth

Beim Abbruch der alten Kirche in Gleuel bei Hürth kamen 1893 mehrere 'römische Alterthümer' zum Vorschein. Neben einem Grabdenkmal wurden Weihedenkmäler freigelegt, darunter eine 1,47 m hohe Matronenädikula (Lehner Nr. 540): "Dieselbe enthält zwei Nischen übereinander. In der oberen kleineren sitzen die drei Matronen, zwei mit Wulsthauben angetan, die mittlere ohne dieselbe. Auf dem Schoße halten sie teilweise zerstörte Fruchtkörbe. Die untere Nische zeigt eine Opferszene..."[10]

Diese Opferszene gleicht Darstellungen auf anderen Matronensteinen: "Um cinen Altar von würfelförmiger Form stehen drei vollbekleidete Frauen; die rechts stehende trägt auf dem Kopf die charakteristische Matronenhaube; mit der gesenkten, aber fast ganz zertörten Linken scheint sie ihren Mantel gefaßt zu haben, die Rechte hält sie über den Altar, von dem ein beschädigter, dünner, leistenartiger Streifen zu der Hand hinaufgeht. Die mittelste Frau, hinter dem Altar stehend, mit wallendem Haar ohne Haube, hält offenbar ein viereckiges Kästchen; die am weitesten links stehende, ebenfalls ohne Kopfputz und am meisten zerstört, wendet sich auch dem Altar zu und scheint mit der Linken in das Kästchen der mittleren hineinzugreifen. Die Darstellung ist nicht ganz klar, entweder sind es drei Anbeterinnen, die gemeinsam den Matronen opfern, oder es sind die drei Matronen selbst, oder die mit der Haube ist wenigstens eine Vertreterin der Trias, welche das Opfer der beiden Frauen entgegennimmt."

Lipp bei Bedburg

Lipp ist ein altes Dorf an der Erft. Aus dem Anfang des 12. Jahrhunderts stammt der älteste Teil der Kirche, wozu auch die Nordseite gehört. Dort ist ein grauer Sandstein eingemauert, auf dem eine Widmung an die Matronen zu lesen ist: Matronis Vatuims (Ihm Nr. 291).

Ähnliche Matronenbeinamen fand man im Jülicher Land.

Thorr bei Bergheim

Im Jahr 1906 entdeckte man in Thorr, einem kleinen Dörfchen bei Bergheim an der Erft, beim Abbruch des alten 'Kirchleins' eine Anzahl von Resten von Matronensteinen (Lehner Nr. 257, 258, 331, 335, 542, 543). Auch hier ist anzunehmen, daß ganz in der Nähe ein Matronentempel gewesen ist. Die Matronenbeinamen sind unterschiedlich. Einen Inschriftenaltar hatten die Frauen Manuatia Similis und Materna den Matronis Naitienis auf Geheiß der Göttinnen erstellt. Die Schmalseiten zeigen links ein Füllhorn mit Früchten und ein kranichartiger Vogel; rechts zwei gekreuzte Füllhörner mit Pinienzapfen, ein Kranz und darüber zwei Vögel. (Lehner Nr. 335)

Üllekofen und Sechtem bei Bornheim

In einem Acker bei dem Hof Weiler bei Üllekofen wurden 1899 drei Matronenaltäre gefunden. Ein Inschriftenstein (Höhe 51 cm, Breite 65 cm) zeigte an der rechten Schmalseite zwei Füße eines zierlichen Tischchens. Dieser und ein weiterer Stein nannten die Matronae Rumanehae, die schon an verschiedenen Orten bekannt geworden waren, allerdings nur mit je einem Altar. Jetzt hatte man erstmals zwei Hinweise auf diese Matronen an ein und derselben Stelle gefunden und vermutete in der Nähe von Üllekofen das Heiligtum dieser Göttinnen. Auf einem dritten, stark verwitterten Matronenstein von der gleichen Fundstelle war der Beiname nicht mehr zu lesen (Lehner Nr. 340, 341, 539).

In Sechtem bei Bornheim fand man in der Pfarrkirche mehrmals Altäre für Merkur, die auf ein Heiligentum des Matronen-Kultbegleiters schließen ließen. 1973 wurde bei der Anlage einer Heizung ein Matronenstein gefunden, der die drei Göttinnen zeigt: "In einer Nische sitzen auf einer lehnlosen, mit einem Tuch bedeckten Bank die drei Matronen und halten nicht mehr erkennbare Gegenstände auf ihrem Schoß. Bei der mittleren und der linken Matrone ist an den Bearbeitungsspuren noch zu erkennen, daß sie nicht die häufig vorkommenden flachen Körbe mit Früchten gehalten haben; es müssen einzelne Früchte gewesen sein."[11]

Gripswald bei Gelepp (Krefeld)

Viermal sind die Matronae Octocannae auf Weihesteinen genannt, die man 1863 auf dem Rittergut Gripswald bei Gelepp, dem römischen Kastell Gelduba, entdeckte. Die Altarsteine lagen 'innerhalb einer halbkreisförmigen Umfassungsmauer, wahrscheinlich den Resten eines antiken Tempels'. "Es sind zwei Inschriftensteine und zwei Bildnissteine. Eine Ädikula ist zerstört, die andere zeigt die drei Göttinnen in der üblichen Tracht mit Halsreifen, an denen 'halbmondförmige Zierate' hängen. Neben Fruchtkörben halten die Göttinnen eine Blume oder einen Zweig in der Hand. Eine Schmalseite zeigt ein Füllhorn mit Pinienzapfen, Ähren und Obst. Darunter ist eine Kugel mit Reifen eingemeißelt, evt. ein Gestirn. Diese vier 'Gripswalder Steine' kamen ins Bonner Landesmuseum. Noch drei weitere Matronensteine und zwei Fragmente sind aus Gripswald bekannt (Lehner Nr. 336-339, Ihm Nr. 321-327).

Morken-Harff, Kreis Bergheim

Zahlreiche Bruchstücke von Matronensteinen wurden im April 1958 im Zuge des Braunkohlenabbaues unweit des ehemaligen Dorfes Morken-Harff (s. Sagen) freigelegt. Die Fundstelle lag unmittelbar neben einem alten, später ausgetrockneten Bett der Erft. Schulkinder hatten am Grubenrand der Roddergrube Frimmersdorf drei vollständig erhaltene Matronenaltäre entdeckt. Die archäologischen Grabungen ergaben, daß eine spätantike oder frühmittelalterliche Furt durch das sumpfige Erfttal mit einer Steinpackung aus Material eines Matronentempels zu einem Fahrdamm aufgefüllt worden war. Geborgen wurden vier unzerbrochene Matronenaltäre, über 500 Altarbruchstücke sowie etwa 60 Architekturteile. Aus den Bruchstücken gelang es, vier weitere Altäre vollständig und 90 Altäre teilweise zusammenzustellen. Es handelt sich größtenteils um Inschriftensteine, die den Matronis Austriahenis geweiht waren. Die Inschriften sind in der üblichen, hinreichend bekannten Form abgefaßt. Eine Inschrift verlangt jedoch besondere Beachtung. Die Übersetzung lautet: "M. Julius, des Vassilenus Sohn, Leubo hat den Matronen der Austriater (Matronis Austriatium) diesen Stein aufgestellt." Nach dieser Lesung wären die Austriahenae die "Stammesmütter einer germanischen Bevölkerungsgruppe."[12]

Die Matronensteine von Morken-Harff sind -wie an stilistischen Merkmalen feststellbar- in die zweite Hälfte des 2. und in die erste Hälfte des 3. Jahrhunderts einzuordnen, also in die bekannte Blütezeit der Steinsetzung. Stifter sind einheimische Frauen und Männer, deren Namen typisch für das ubische Gebiet zwischen Erft und Rhein sind. Übereinstimmend mit bisherigen Funden sind die Schmuckelemente mit Symbolcharakter: Bäume, Füllhörner mit Früchten, Pinienzapfen und Ähren. Auf den Altären sind Teller oder Schalen abgebildet, die für die Aufnahme der Opfergaben bestimmt waren. Als Opfergaben liegen Äpfel und Birnen auf den Giebeln der Altäre.

Trotz der großen Anzahl der Fundstücke ergaben sich -abgesehen von der genannten Inschrift- keine neuen Erkenntnisse über die Matronenverehrung: "Die neuen Denkmäler des Matronenkults aus Morken-Harff übertreffen zwar rein zahlenmäßig noch die reiche Ausbeutung von Pesch oder Bonn, an inhaltlicher und künstlicher Bedeutung aber, ganz zu schweigen von dem Erhaltungszustand, können sie sich nicht entfernt mit den Bonner Steinen messen. Der Grund liegt auf der Hand. Denn ohne Zweifel mußte das in der Garnisonsstadt Bonn gelegene Aufanienheiligtum, dem sogar hohe Beamte aus Köln ihre Verehrung bezeigten, weit mehr Ansehen genießen und dementsprechend historisch und künstlerisch bedeutendere Denkmäler enthalten, als man es von dem in der 'Provinz' gelegenen und vermutlich nicht weit von Morken-Harff zu suchenden Heiligtum der Matronae Austriahenae erwarten kann."[13]

So wollen wir nun die 'Provinz' und den 'Götteralltag auf dem flachen Land' (Horn) verlassen und uns den bedeutenderen Matronen-Kunstwerken der römischen Garnisonsstadt Bonn zuwenden.

Bonn: Matronen-Kunstwerke vom Feinsten

Der römische Name Bonns -Bonna- geht wahrscheinlich auf den Namen einer vorrömischen Siedlung zurück, die von den Eburonen bewohnt war. Nach der Umsiedlung der Ubier gehörte auch Bonn zum Ubier- und damit zum Matronengebiet. Von einer kleinen römischen Militäreinheit entwickelte die Siedlung sich zu einer großen Garnisonsstadt. Ab Mitte des 2. Jahrhunderts n. Chr. läßt sich ein Heiligtum der Matronae Aufaniae nachweisen. Bereits vor 1900 war man mehrmals im Bonner Stadtgebiet auf Matronensteine bzw. Bruchstücke gestoßen (Lehner Nr. 317, 318, 342, 532-538, Ihm Nr. 207-214). Folgende Fundorte sind angegeben: Vor der Stiftskirche, Wilhelmstraße, Kölntor (beim Theaterbau), beim Bau der medizinischen Klinik (1876), an der Provinzialirrenanstalt, Ecke Theater- und Engeltalerstraße (1887), Poststraße an der alten Stadtmauer.
Die Beinamen der Matronen waren meist verwittert, nur einmal konnte Rumanehae und zweimal Aufaniae gelesen werden. Mehrmals wurden die Göttinnen die 'Heimischen' genannt, so zum Beispiel auf einem kleinen Altärchen, das 1876 gefunden wurde und folgende Inschrift trägt: Julia Teratia Domesticis VSLM (Ihm Nr. 213, Lehner Nr. 533). Auch bei dem 1878 vor der Stiftskirche in einem Trümmerfeld gefundenen Inschriftenstein der aufanischen Matronen werden diese als die 'Hausgöttinnen' bezeichnet: Matribus sive Matronis Aufaniabus domesticis... (Ihm Nr. 207, Lehner Nr. 317). Die Inschrift zeigt, daß die Worte *matres* und *matronae* austauschbar waren.
Auf diesem kleinen Aufanienstein ist oben auf einer Platte 'ein Fisch mit weit geöffnetem Mund' abgebildet. Da sich die Fischdarstellung auf der Nebenseite wiederholt, sah man hier 'eine innere Beziehung zwischen Bild und Gottheit' und schloß daraus, daß die Matronen "in erster Linie wegen ihres Segens bringenden und Unheil abwehrenden Einflusses auf Feld und Flur, dann aber auch auf die Gewässer und Quellen in allen Teilen des Römerreiches, deren Bevölkerung germanisch-keltischen Ursprungs war,

verehrt wurden."[14]
Fischabbildungen auf Matronensteinen bilden die Ausnahme. Auf einem Stein von Rödingen (Jülich) ist ein Delphin dargestellt, der als Freiskulptur auch im 'Heidentempel' Pesch auftaucht. Der Fisch ist ein weibliches Symbol und steht für Intuition und für die lebensspendende Kraft der Frauen. Er ist Zeichen der Fruchtbarkeit und des Todes. Bei den Kelten spielte der Delphin als 'Retter der menschlichen Seele' und als Wegbegleiter zur jenseitigen Anderswelt-Insel eine große Rolle. Auf dem Kessel von Gundstrup ist ein Delphin neben dem hirschgeweihgekrönten Cernunos dargestellt.
Der kleine 'Fisch'altar von Bonn wurde von einem Legionär gestiftet. Lehner hielt ein Aufanienheiligtum in der Umgebung von Bonn nicht für möglich und vermutete, daß dieser Legionär wohl aus Nettersheim stamme und in Bonn seinen heimischen Matronen einen Altarstein setzte. Doch Ausgrabungen ab 1928 brachten die große Überraschung. Durch eine Versuchsschürfung in der Krypta der Münsterkirche wollte man Spuren älterer Chorabschlüsse finden. Dabei stieß man auf Sarkophage und römische Altäre, die das Provinzialmuseum zu umfassenden Ausgrabungsarbeiten veranlaßte.
Die Krypta des Bonner Münsters enthält eine tiefer liegende Gruft, in welcher in 'eigentümlich schräger Lage' drei spätrömische Sarkophage stehen, die als die Särge der Märtyrer Cassius, Florentius und Mallusius gelten. Uralte Legende kündet, daß die heilige Helena über diesen Särgen die erste christliche Kirche bauen ließ.
Die Ausgrabung legte zunächst aus der Zeit von 300 n. Chr. ein großes Gräberfeld frei, in welchem römische, aber auch fränkische Steinsärge in derselben Richtung wie die Märtyrersärge aufgestellt waren. In einem rechteckigen Raum standen zwei Altarwürfel, die von einer Steinbank umgeben waren. Im Fundament eines älteren Bauwerks stieß man anschließend auf zahlreiche, gut erhaltene römische Steindenkmäler, die als 'unbrauchbar gewordenes Altmaterial' zu Bau- und Werksteinen umfunktioniert worden waren. Die Altardenkmäler bestanden aus Kalkstein, Trachyt oder Sandstein. Es waren unterschiedliche Gottheiten genannt: die Unterweltsgottheiten Pluto und Prosperina, Mercurius Gebrinius und vor allem die Matronae

Aufaniae. Die Matronenaltäre waren in Schrift und Bild äußerst kunstvoll gestaltet und "zum Teil zum Besten gehörend, was römische Bildhauerkunst im Rheinland geschaffen hat."[15]
Zwei Bauinschriften erzählen von einem vorchristlichen, 'ziemlich umfangreichen' Tempelbezirk in unmittelbarer Nähe des Münsters. 36 Steine nannten die Matronae Aufaniae; 16 davon stammten von Offizieren und Soldaten, darunter vier von deren Frauen. Wie in Nettersheim bezeugn die Widmungen eine starke Teilnahme der Garnison an dem Kultus der au fanischen Matronen. Die Bildnissteine stammen jedoch von bürgerlichen Stiftern. Auch Auswärtige sind unter den Dedikanten: "Für die hohe Bedeutung des anzunehmden Heiligtums und die Beliebtheit des Aufanienkultus spricht die starke Beteiligung von Auswärtigen, zum Teil Männer in hohen Ämtern und Würden. Die Hauptstadt von Niedergermanien, die Großstadt Köln, ist sicher mit drei, vielleicht sogar mit fünf solchen Weihungen beteiligt."[16]
Die Weihesteine konnten in die Zeit zwischen 164 und 260 n. Chr. datiert werden. In diese Zeit fällt -wie in Nettersheim- die Blütezeit des Tempels, die aber auch hier eine frühere und spätere Nutzung des Heiligtums nicht ausschließt. Außer dem Temenos können folgende Bauten dort unter der Erde ruhen: "Bei der Bedeutung des Heiligtums müssen wir größere Anlagen erwarten; auf eine Tempelküche deutet das Seitenrelief des Steines des Kölner Stadtrats C. Candidinius Verus hin (Opferszene mit Kessel und Schwein). Dazu käme Wohnung für das Aufsichts- und Bedienungspersonal, eine Budenstadt, vielleicht sogar ein Theater, Versammlungsraum - das alles für die Festtage und Wallfahrten, an die uns die starke Inanspruchnahme der aufanischen Frauen und die Funde von Pesch denken lassen."[17]
Einige Matronenaltäre sind besonders beachtenswert (Nummern des Grabungsbrichtes von 1930). Die Rückseite eines Inschriftensteins zeigt auf der Rückseite eine interessante (bereits erwähnte) Darstellung: "Auf der Rückseite Felslandschaft mit Baum, aus dessen Astloch eine Schlange sich windet, und drei Ziegen mit einem Kopf. Auf dem Baum ein Vogelnest mit drei oder vier Vögelchen" (Nr. 7). Eine Deutung fand man damals nicht und

deklarierte das aussagestarke Bild als "künstlerische Spielerei"[18], aus einer Laune des Künstlers geboren. Auch eine andere Rückseite eines Weihesteins zeigt einen Baum mit drei Ziegen und einer Schlange (Nr. 6).

Die häufigsten Schmuck- und Symbolelemente der Matronensteine sind Bäume, Lorbeerbäume, 'krautartige Phantasiebäume', Blumen, Füllhörner und Früchte (Äpfel und Birnen). Opferdiener und -dienerinnen, Gefäße, Opfertiere (Schweine) und einige Opferszenen demonstrieren die Gabendarbringung für die Matronen. Ein Bildnisstein ist von Caldinius Celsus gestiftet (Nr. 29, Kopien in der Heerstraße, Nähe Frauenmuseum, und im Rheinauenpark aufgestellt). Er zeigt oben die Inschrift, darunter die Göttinnen und wieder darunter eine Opferszene mit einem kleinen Opferdiener hinter einem Altar mit einer brennenden Flamme. Von links tritt ein Mann in Toga heran (wahrscheinlic der Stifter), von rechts eine weibliche Gestalt in Matronentracht. Sie kann die Vertreterin der Göttinnen sein, die das Opfer entgegennimmt. Eine stehende kleine weibliche Figur neben den seltsam 'gedrückt' wirkenden Matronen kann vielleicht ein Hinweis auf den Grund des Gelübdes sein: Die Geburt eines Kindes, die Genesung von einer Krankheit oder ähnliches.

Das Fragment eines Matronenreliefs (Nr. 42), dessen linker Teil abgebrochen ist, zeigt eine 'Frauenversammlung' (Tafel IV, unten). In einer Prozession nähern sich Frauen mit Opfergaben dem Bild der Göttinnen. Das Relief ist folgendermaßen beschrieben: "Links, ursprünglich wohl in der Mitte des ganzen Bildes, sitzen in flacher Nische die drei Matronen auf der mit Stoff behangenen Bank, anscheinend mit Körben auf dem Schoß, in der üblichen Tracht, der Kopf mit Haube ist nur bei der rechten erhalten. Zu beiden Seiten der Nische standen Frauen von vorn gesehen; links ist nur eine Gestalt noch teilweise erhalten; rechts sechs Personen in zwei Reihen hintereinander, in der vorderen Reihe vier, dahinter in den Lücken zwei. Es scheinen lauter Frauen zu sein, vollbekleidet mit Unterkleid unter einem Mantel, der zum Teil wie bei den Matronen schawlartig umgehängt und mit Spangen auf der Brust geschlossen ist, zum Teil nach Art der römischen Palla drapiert. In den Händen tragen die Frauen verschiedene undeutliche Gegenstände, Körbchen? Zweige? oder dgl. Der Hintergrund der Frauengruppe ist unten blaugrün, oben rot; die Kleider der drei Matronen waren auch rot gefärbt" (Tafel IV, unten). Wenn die Weihesteine im allgemeinen nur wenig über den Kult der Göttinnen bei den Ubiern und noch weniger bei den Eburonen aussagen, so zeigt das Prozessionsbild deutlich, wie Frauen als Frauengruppe sich 'ihren' Göttinnen näherten und diese verehrten.

Zu den Funden von den Jahren 1928/30 gehört auch der berühmteVettius-Stein vom Jahr 164 (Tafel V, oben). Besondere Aufmerksamkeit widmete man bei der Auffindung der deutlich jüngeren Figur der Triade: "Sie sitzt mit ihrem aufgelösten Haar wirklich wie ein junges Mädchen zwischen den beiden größeren matronalen Begleitcrinnen, und es muß daher wieder einmal die Frage aufgeworfen werden, ob es nicht nur zwei Matronen sind, die ein mädchenhaftes jugendliches Wesen umgeben."

Die Göttlichkeit aller drei Frauen wird durch die Bonner Funde bestätigt, denn in den Inschriften werden die Matronen als göttlich und heilig benannt: Matronis Aufanis sacrum (Nr. 12), Aufanis sanctis (Nr. 14), Sanctis Aufanis (Nr. 15), Deabus Aufanis (Nr. 21). Mehrmals wird -wie bei den frühen Bonner Funden- hervorgehoben, daß die Göttinnen Schützerinnen und Mütter der Heimat sind: Aufanis et Matribus Domesticis (Nr. 13), Matronis Domesticis (Nr. 40), Matribus Domesticis (Nr. 41).

Einige Frauen treten als Stifterinnen auf. Gleich zwei Aufaniensteine hat Domita Regina gesetzt; sie war die Gattin des Legaten Calpurnius Proclus. Ein Inschriftenstein (Nr. 4) zeigt seitlich Bäume und oben eine Platte mit einem Fisch(?); der andere (Nr.5) weist oben eine kreisförmige Standfläche und seitlich Bäume auf.

Auf Geheiß der Göttinnen *-ex imperium ipsarum-* hat Julia Candida den heiligen Matronen einen Stein geweiht (Nr. 12). Auch dieser Altar zeigt oben eine kreisförmige Standfläche und seitlich Bäume. Der genannte Inschriftenstein mit der markanten Baumdarstellung ist von Sutoria Pia und ihrem Gatten den Göttinnen geweiht worden (Nr. 7).

Ein Blick von Bonn zum Godesberg weckt Spekulationen, ob dort einst eine alte Kultstätte bestand. Der Godesberg und der nahe Tomberg waren bereits zur Vorrömerzeit besiedelt. Es wird angenommen, daß schon die Römer Godesberg nicht nur wegen seiner herrlichen und gesunden Lage, sondern wegen seines Draisch- oder Sauerbrunnens, vielleicht auch zum Gebrauch von Kaltwasserbädern, zeitweilig als Kurort besucht haben."[19]

Von Verehrung von Heilgottheiten zeugt ein im 16. Jahrhundert in dem Torpfeiler der Godesburg gefundener Götterstein. Er war den Fortunis salutaribus, dem Äskulap und der Hygea geweiht. Ein Matronenstein wurde um 1830 bei der Fundamentlegung eines Neubaues 'am Fuße des Godesbergs' gefunden (Lehner Nr. 259, Ihm Nr. 206). Das Votivaltärchen 'in kleiner zierlicher Form' war von einer Frau gestiftet. Die 'Schöne' hatte die Inschrift kurz und bündig abgefaßt: Matronis Andrusthehiabus Bella VSLM. Der Matronenbeiname war bereits auf einem Stein erschienen, mit dem ein L. Silvinius Respects den Matronen seinen Respekt bekundet hatte. Die Fundstelle war 1838 mit 'Weyer' angegeben. Man überlegte damals, ob damit das Weyertor in Köln oder das Dorf Weyer in der Eifel gemeint sei. Später ordnete man den Stein nach Köln ein.

Wie einst die Matronenverehrung in Natur und Landschaft eingebettet war, ist im dicht besiedelten Bonner Raum nicht mehr nachvollziehbar. Einige markante Punkte gelten seit je als besondere Kraftorte: Der Godesberg, der Rodderberg, der Kreuzberg, die Hardthöhe und der Venusberg. Der Venusberg, auf dem Siedlungsspuren aus dem 4. Jahrtausend vor unserer Zeitrechnung nachweisbar sind, ist eng mit den aufanischen Matronen verbunden, haben 'Venus' und 'fania' doch wahrscheinlich dieselbe Sprachwurzel, Fanja=Moor (s. Aufania bei Nettersheim). So können die Aufanien ursprünglich die Beschützerinen einer Moorlandschaft in der Nähe des Venusbergs gewesen sein, denn im Moor, das der Anderswelt besonders nahe ist, fühlten sich die drei Göttinnen besonders wohl.

Bonn ist der Ort, an dem die meisten Matronensteine als Denkmäler der Vergangenheit aufbewahrt werden. Einige Matronensteine sind in der römischen Abteilung des Landesmuseums in der Colmannstraße ausgestellt, darunter der prachtvolle Vettius-Weihestein vom Jahr 164. Von den 825 im ehemaligen Ubiergebiet gefundenen Matronensteinen sind die meisten in den

Keller des Landesmuseums verbannt, eine Unmenge von Bruchstücken und einige heil gebliebene Steine.

In der römischen Straße des Rheinauenparks stehen zwei Aufanienaltäre: Der Bonner Caldinius-Stein (wie in der Heerstraße) und ein Beneficiarier-Weihestein (Marcus Aurelius Agrippinus) vom Tempelbezirk bei Nettersheim, wodurch hier nochmals die ehemalige' Verkettung Bonns mit dem Hinterlande der Eifel' demonstriert wird.

Quellenangaben: Rheingebiet

1 Paul Zaunert: Rheinland Sagen, Düsseldorf-Köln, 1969, Seite 14

2 Paul Therstappen: Die Kölnerinnen, in: Legenden und Mären zwischen Rhein und Maas, Aachen 1946, Seite 92

3 Prof. Dr. Braun: Die Kölnerinnen am Rheine, in: BJ 1855, Seite 84

4 H. Otte: Das Weihwasser im heidnischen und christlichen Cultus, unter besonderer Berücksichtigung des germanischen Alterthums, in: BJ 50/51, 1871, Seite 269

5 David Luczyn: Deutschland, Ein Führer zu Orten des Lichts und der Kraft, München 1991, Seite 69

6 Führer zu den Steindenkmälern, Römer Illustrierte I/1974, Römisch-Germanisches Museum der Stadt Köln

7 Vgl. BJ 47/48, 1869, Seite 123

8 Günther Schauerte: Terrakotten mütterlicher Gottheiten, Köln 1985, Seite 337

9 Max Siegbourg: Matronen-Terrakotta aus Bonn, in: BJ 105, 1900, Seite 78

10 J. Klinkenberg: Die Funde von Gleuel, in: BJ 94, 1893, Seite 152

11 BJ 1975, 1975, Seite 328

12 H. G. Horn: Götteralltag auf dem flachen Land, in: Kölner Römer Illustrierte, 2/1975, Seite 194

13 Hans-Georg Kolbe: Die neuen Matroneninschriften von Morken-Harff, Kreis Bergheim, in: BJ 160/1960, Seite 119

14 Josef Klein: Zwei neue römische Inschriften aus Bonn, in: BJ 67, 1879, Seite 68

15 Jahresbericht 1928, in: BJ 134, 1929, Seite 142

16 Hans Lehner: Römische Steindenkmäler von der Bonner Münsterkirche, in: BJ 135, 1930, Seite 31

17 Max Siebourg: Der Matronenkult beim Bonner Münster, in: BJ 138, 1933, Seite 122

18 Hans Lehner: Die Einzelfunde, Datierung und Deutung der frühen Bauten, in: BJ 136/137, 1932, Seite 137

19 J. Freudenberg: Ein unedierter Matronenstein aus Godesberg, in: BJ 44/45, 1868, S. 84

Nutzung des Tempels in Bonn und anderswo

Wie mag das religiöse Leben im Tempel in Bonn und anderswo vor sich gegangen sein? Bei den Kelten wurden die Feste im Jahreskreislauf in heiligen Hainen gefeiert. Manche Zeremonie dieser Naturfeste hat sich bruchstückhaft im Brauchtum erhalten, zumindest auf dem Lande. Wie noch heute Bäume am 1. Mai bunt dekoriert werden, so wurden einst an diesem alten keltischen Beltanefest die Bäume frühlingsfroh geschmückt; nur waren es echte Bäume an einem ganz bestimmten, heiligen Platz. Auch die Freudenfeuer, die an bestimmten Tagen angezündet werden, erinnern an alte kultische Bräuche. Am Vorabend zum Johannestag, zur Zeit der Sommersonnwende, ließ man in der Eifel noch vor Jahrzehnten Feuerräder von den Höhen in die Täler rollen. Das Austreiben der Wintergeister, das nur noch versteckt im Karnevals'treiben' zu erkennen ist, ist uralte Tradition.
Im Christentum wurden viele Bräuche von den 'heidnischen' Vorfahren übernommen und in kirchliches Festgeschehen eingebunden. Einiges hat sich bis heute erhalten: Das Weihnachtslicht zur Wintersonnwende, das verstärkte Licht zu Mariä Lichtmeß, das Wasserschöpfen zu Ostern, die (verschobene) Kräuterweihe zum Schnitterfest, das Totengedenken zu Anfang November. Aus diesem überlieferten Brauchtum ließe sich manches Naturfest rekonstruieren, was inzwischen auch ansatzweise praktiziert wird.
Aus der Römerzeit haben wir durch die Matronendenkmäler einige Anhaltspunkte von Tempelfesten. Wie der Tempelalltag aussah, wissen wir nicht. Er wird vom alltäglichen Einerlei beherrscht gewesen sein. Tempelhüterinnen und PriesterInnen tun ihren Dienst, einzelne BesucherInnen bringen Opfergaben und tragen ihre Bitten vor. Ansonsten herrscht eine friedliche Ruhe in den heiligen Hallen.
Ganz anders ist es an den Festtagen. Da herrscht Leben im Tempelbereich, zunächst einmal auf dem großen Vorplatz. Viele Menschen strömen herbei. Ganze Großfamilien vom Kleinkind bis zu den Ältesten sind gekommen, manche von weither über uralte, auserwählte Kultpfade. Zuerst ruht man sich

von dem Beschwernissen der Wallfahrt etwas aus, läßt sich irgendwo auf einem Stein, auf einem Baumstamm oder auf der Erde nieder. Man stärkt sich durch mitgebrachte Speisen oder durch Waren, die von Händlern angeboten werden. Man trifft Bekannte, begrüßt sich.
Etwas abseits von den 'Eingeborenen' halten sich die Römer auf. Sie wissen nicht richtig, wie sie sich verhalten sollen. Unsicher gehen sie hin und her. Noch unsicherer fühlen sich die einheimischen Legionäre. Wozu gehören sie nun? Zu ihren Angehörigen, zum 'Pöbel', oder zu den Römern? Irgendwo zwischen beiden Gruppen lassen sie sich nieder.
Nach und nach wird es ruhiger auf dem Platz. Die Menschen bereiten sich auf die sakrale Handlung vor. Irgendwann erklingt Flötenmusik vom Tempel her, der mit Girlanden, Blumen und Zweigen geschmückt ist. Weihrauchdüfte wehen herüber. Auf einer kleinen Anhöhe außerhalb des Tempels erscheint die Priesterin und beginnt mit den Anrufungen. Stets dreimal ruft sie die Göttin: Aufania, Aufania, Aufania! Weit schwingt ihre Stimme über das Land. Eine feierliche Stille tritt ein. Alle spüren, daß die Göttinnen sich nähern. Die Menschen versuchen, mit ihnen Verbindung aufzunehmen und teilzuhaben an deren Göttlichkeit.
Nach einiger Zeit schreitet die Priesterin langsam auf den Tempel zu. Am Brunnen bleibt sie stehen. Ein Tempeldiener reicht ihr Wasser. Sie nimmt die rituelle Reinigungen vor, wobei sie in einer Art Singsang stets die gleichen Worte wiederholt. Frauen treten hinzu, nehmen summend den Beschwörungston auf und benetzen mit dem heiligen Wasser ihr Gesicht, ihren Körper, ihre Füße. Die Priesterin beginnt mit dem dreimaligen Gang rund um den Tempel. Die Frauen nehmen ihre Opfergaben und schließen sich an. Nach diesen Umgängen tritt die Priesterin vor den Tempeleingang, nimmt einige bestimmte Kräuterzweige und entzündet sie an einem Feuer. Mit diesem Räucherwerk muß jeder von allem Bösen gereinigt werden, bevor er die Schwelle zum 'Allerheiligsten' überschreiten darf. Mit dem Zeichen der Göttin, dem Dreieck, vollzieht die Priesterin das Räucherritual. Immer mehr Frauen haben sich inzwischen im Tempel eingefunden. Sie legen ihre Opfergaben nieder: Äpfel, Birnen, Nüsse, Beeren, Ähren und Blumen. Dann

stehen sie ganz versunken vor den steinernen Bildnissen ihrer Göttinnen. Mit einem Gebet und mit ihren Opfergaben bedanken sie sich für die Güte der Göttinnen und erflehen weiterhin ihren Segen. Inbrünstig tragen sie ihr Hauptanliegen vor: Die Macht über das immerwährende Leben möge weiterhin aus dem Schoß der Göttinnen in den Schoß der Frauen strömen.
Jeder Festtag hat seinen besonderen Höhepunkt, entweder wird der Frühling, die Sonnenwende oder die Ernte gefeiert. Initiationsriten feiern die Frauen unter sich, in bestimmten Mondnächten und an einem geheimen Platz in der Nähe des Tempels. Dann werden junge Mädchen in ihr Frausein eingeführt, Frauen feiern ihre Mutterschaft und Mütter bereiten sich auf die Lebensphase der weisen Alten vor. Bei Sonnenaufgang wird das Frauenfest fröhlich beendet.
Heute steht ein besonderer Festakt bevor. Ein Bürger der CCAA möchte den Matronen einen Altarstein setzen. Der Stifter hat im vorigen Jahr die Göttinnen um Hilfe in einem besonderen Anliegen angerufen und ihnen versprochen, sich mit einem schönen Weihealtar zu bedanken, wenn sie ihm helfen. Heute möchte er nun 'voll Dankbarkeit sein Gelübde gern und freudig nach ihrem Verdienst' einlösen. VSLM=Votum Solvit Libens Merito steht auf dem Stein eingraviert. Bald wird der Stein auf einem Wagen herbeigeschafft, wird feierlich geweiht und unter Gesängen, Flötenmusik und Trommelwirbeln in den Tempel gebracht und aufgestellt. Die Priesterin erklärt die Bedeutung der abgebildeten Attribute, weist auf Leben, Tod und Wiedergeburt hin, auf den ewigen Kreislauf in der Natur und im Menschenleben und auf die schöpferische, allumfassende und beschützende Macht der Göttinnen. Mancher wüßte gern, welche Bitte die Göttinnen dem Stifter erfüllt haben; doch das bleibt ein Geheimnis. Andere haben ebenfalls ein Gelübde zu erfüllen. Auch sie setzen einen Denkstein, jedoch in einer anderen, nicht sichtbaren Form - in welcher Form auch immer. Ein jeder bedankt sich eben auf seine eigene Art und Weise bei den göttlichen Matronen.

VOTUM SOLVIT LIBENS MERITO

V S L M

Ortsregister

Namensregister:
Gottheiten, Matronen-Beinamen (M), Heilige (H)

Sophie Lange

Küche, Kinder, Kirche...

Aus dem Leben der Frauen in der Eifel

Das Buch greift erstmals frauenspezifische Eifelthemen auf. Unterschiedlichste Lebensbereiche werden beleuchtet und den LeserInnen in leicht verständlicher Form näher gebracht. Dabei wird deutlich, daß die Vergangenheit in mancher Form in die Gegenwart übergreift und das persönliche Leben jeder noch so emanzipierten Frau beeinflußt.

Die Autorin hat in zahlreichen Veröffentlichungen in Zeitungen, Zeitschriften und Anthologien die unterschiedlichsten heimatkundlichen Themen aufgegriffen. Besonderes Interesse schenkt sie dabei stets der Frauengeschichte im Eifeler Raum.

Aus dem Inhalt: 'Nur' eine Tochter/ Patin: Geistige Mutter, Schutz-Matrone und Göttin/ Geschichte der matrolokalen Wohnverhältnisse in den Dörfern/ 'Perlen der Eifel' in städtischen Haushalten/ Fleißige Frauenhände durften niemals ruhen/ Hexe- Was assoziieren Frauen mit diesem Wort? ...

ISBN 3 - 925 087-48-6 - Helios Verlag Aachen DM 39,80

Weitere Bücher der Autorin im Helios Verlag Aachen:

Alt- Eifler Küche, Band I: Kochen, Spezialitäten, Traditionen, Frauenwirken

Band II: Backen. Tägliches Brot, Sonntagskuchen, Brauchtumsgebäck

Angela Lorent

FINDEGÖTTINNEN

Frauenverwandelte Mythen
und Märchen

<u>zur Person:</u>
Jahrgang 52,promoviert über feministische Utopien,freischaffende Kursleiterin und Schriftstellerin - seit zwei Jahren Studium der Ur/Frühgeschichte in Köln

<u>Angebote:</u>
Auf Anfrage komme ich mit folgenden Veranstaltungen zu Euch:

<u>Exkursionen</u> (1-5 tägig) :
- Katzensteine,Schlangenberge - **Eifel**
- Land wie Meereswellen - **Schleswig.Hol.**
- Schwaneninsel - **Rügen**
-Riesinnensteine -**Wildeshausen-Geest**
-der Göttin Kaarstlandschaft -**Lüneburger Heide**
- **und andere Gegenden Eurer Wahl !**

<u>Vorträge:</u>
1-Lucy,die erste Menschin
2-Frauen der Altsteinzeit
3-Ein Abendessen im Matriarchat
4-Große Damen-Große Steine, zu den matriarchalen Megalithkulturen
5-Wie konnte das passieren? Vom Matriarchat zum Patriarchat (2 Vorträge à 3 Stunden)
6-Und dann noch die Hexen ! (Mittelalter und Neuzeit)
7- Amazonen
8- Einführung in die feministische Ur-und Frühgeschichte

<u>Jahresseminar</u>
(6-8 Wochenenden)
oder
(4 Wochen verteilt)
Themenschwerpunkte:
Einführung in Ur/Frühgeschichte - Umgang mit Fachliteratur - Erkennen von und Umgang mit "Kulturlandschaften",Kartenstudien - Exkursionen,Museumsbesuche - Experimentelle Übungen - Chronologie,Frauengeschichte von den Anfängen bis ins Frühmittelalter

<u>Blockseminare:</u>
(5 Tage,politische Bildung)
Schwerpunktliegt auf der theoretisch-wissenschaftlichen Aufarbeitung feministischer Ur/Frühgeschichte

<u>Beratung:</u>
-bei der Abfassung wissenschaftlicher Haus-aufgaben aus der fem. UFG
-bei Reise/Tourenplanungen in "matriarchale" Gebiete

<u>Addresse:</u>
Dr. *Martina Schäfer*
Pützgasse 2c
5 3 9 0 2 Bad Münstereifel
Tel.: 02253/2758

Feministische

Ur und

Frühgeschichte

Kurse,Seminare,
Vorträge,
Reisen

Dr. Martina Schäfer

Tel.: 02253/2758